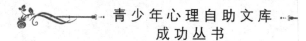
青少年心理自助文库
成功丛书

执 行

随君直到夜郎西

方建和/著

 本书能让你获得坚持梦想，
贯彻始终，不达目的决不罢休的力量。

中国出版集团　现代出版社

图书在版编目(CIP)数据

执行:随君直到夜郎西 / 方建和著. —北京：现代出版社,2013.11

(2021.3 重印)

(青少年心理自助文库)

ISBN 978-7-5143-1949-1

Ⅰ.①执… Ⅱ.①方… Ⅲ.①组织管理－青年读物
②组织管理－少年读物 Ⅳ.①C936－49

中国版本图书馆 CIP 数据核字(2013)第 276332 号

作 者	方建和
责任编辑	张 璐
出版发行	现代出版社
通讯地址	北京市安定门外安华里 504 号
邮政编码	100011
电 话	010－64267325 64245264(传真)
网 址	www.1980xd.com
电子邮箱	xiandai@cnpitc.com.cn
印 刷	河北飞鸿印刷有限责任公司
开 本	710mm×1000mm 1/16
印 张	12
版 次	2013 年 11 月第 1 版 2021 年 3 月第 3 次印刷
书 号	ISBN 978-7-5143-1949-1
定 价	39.80 元

P 前 言
REFACE

　　为什么当今时代一部分青少年拥有幸福的生活却依然感觉不幸福、不快乐？又怎样才能彻底摆脱日复一日的身心疲惫？怎样才能活得更真实、更快乐？越是在喧嚣和困惑的环境中无所适从，我们越是觉得快乐和宁静是何等的难能可贵。其实，正所谓"心安处即自由乡"，善于调节内心是一种拯救自我的能力。当我们能够对自我有清醒认识、对他人能宽容友善、对生活无限热爱的时候，一个拥有强大的心灵力量的你将会更加自信而乐观地面对一切。

　　青少年是国家的未来和希望。对于青少年的心理健康教育，直接关系着下一代能否健康成长，能否承担起建设和谐社会的重任。作为家庭、学校和社会，不能仅仅重视文化专业知识的教育，还要注重培养孩子们健康的心态和良好的心理素质，从改进教育方法上来真正关心、爱护和尊重他们。如何正确引导青少年走向健康的心理状态，是家庭、学校和社会的共同责任。因为心理自助能够帮助青少年解决心理问题、获得自我成长，最重要之处在于它能够激发青少年自我探索的精神取向。自我探索是对自身的心理状态、思维方式、情绪反应和性格能力等方面的深入觉察。很多科学研究发现，这种觉察和了解本身对于心理问题就具有治疗的作用。此外，通过自我探索，青少年能够看到自己的问题所在，明确在哪些方面需要改善，从而"对症下药"。

　　每个人赤条条来到世间，又赤条条回归"上苍"，都要经历其生老病死和喜怒哀乐的自然规律。然而，善于策划人生的人就成名了、成才了、成功了、富有了,一生过得轰轰烈烈、滋滋润润。不能策划的人就生活得悄无声息、平平淡淡,有些甚至贫穷不堪。甚至是同名同姓、同一个时间出生的人,也仍然不可能有一样的生活道路、一样的前程和运势。

人们过去总是把它归结为命运的安排,生活中现在也有不少人仍然还是这样认为,是上帝的造就。其实,只要认真想一想,再好的命运如果没有个人的主观努力,天上不会掉馅饼,地上也不会长钞票;再坏的命运,只要经过个人不断的努力拼搏,还是可以改变人生道路的。

古往今来,没有策划的人生不是完美的人生,没有策划的人只能是碌碌无为的庸人、畏畏缩缩的小人、浑浑噩噩的闲人。

在社会人群中,2∶8规律始终存在,22%的人掌握着78%的财富,而78%的人只有22%的财富,在这22%的成功人士中,几乎可以说都是经过策划才成名、成才、成功的。

策划的人生由于有目标有计划,因而在其人生的过程中是充实的、刺激的、完美的、幸福的。策划可以使人兴奋,策划可以使人激动,策划可以使人上进。

本丛书从心理问题的普遍性着手,分别描述了性格、情绪、压力、意志、人际交往、异常行为等方面容易出现的一些心理问题,并提出了具体实用的应对策略,以帮助青少年读者驱散心灵的阴霾,科学调适身心,实现心理自助。

本丛书是你化解烦恼的心灵修养课,可以给你增加快乐的心理自助术。本丛书会让你认识到:掌控心理,方能掌控世界;改变自己,才能改变一切。本丛书还将告诉你:只有实现积极心理自助,才能收获快乐人生。

C目 录
CONTENTS

第一篇　明确执行的目标

第二篇　立即行动　完美执行

第一篇

明确执行的目标

目标反映了人们对美好未来的向往和追求。目标是一个人力量的源泉，是一个人精神上的支柱。一个国家、一个民族不能没有远大的、被大多数人信仰的共同目标，否则就会形同一盘散沙。

理想是人生成长中健康的阳光，希望是人生成长中肥沃的土壤，目标与方向就是选定优良种子与所需成长的营养，明确执行的目标，让一个个奋斗目标成为你成功道路上的里程碑，分秒必争地尽快把一个个目标变成现实，再苦再难也要勇猛前进，把握现在就能创造美好未来！

目标锁定出路

成功的道路是由目标铺成的

有人问哈佛毕业的罗斯福总统："尊敬的总统，你能给那些渴求成功特别是那些年轻、刚刚走出校门的人一些建议吗？"

总统谦虚地摇摇头，但他又接着说："不过，先生，你的提问倒令我想起我年轻时的一件事：那时，我在本宁顿学院念书，想边学习边找一份工作做。最好能在电讯业找份工作，这样我还可以修几个学分。我的父亲便帮我联系，约好了去见他的一位朋友——当时任美国无线电公司董事长的萨尔洛夫将军。等我单独见到了萨尔洛夫将军时，他便直截了当地问我想找什么样的工作，具体哪一个工种？我想：他手下的公司任何工种都让我喜欢，无所谓选不选了。便对他说，随便哪份工作都行！"

"只见将军停下手中忙碌的工作，眼光注视着我，严肃地说，年轻人，世上没有一类工作叫'随便'，成功的道路是由目标铺成的！"

总统的话令人深思。而其母校哈佛大学商学院有一个非常著名的关于目标对人生影响的跟踪调查也印证了总统的话。哈佛商学院调查了一群智力、学历、环境等条件差不多的年轻人。调查结果发现：

27%的人没有目标；

60%的人目标模糊；

10%的人有清晰但比较短期的目标；

3%的人有清晰且长期的目标。

25 年的跟踪研究结果发现,他们的生活状况及分布现象十分有意思。那些占 3% 有清晰且长期的目标者,25 年来几乎都不曾更改过自己的人生目标。25 年来他们都朝着同一方向不懈地努力,25 年后,他们几乎都成了社会各界的顶尖成功人士,他们中不乏白手起家的创业者、行业领袖、社会精英。

那些占 10% 有清晰短期目标者,大都生活在社会的中上层。他们的共同特点是,那些短期目标不断被达成,生活状态稳步上升,成为各行各业不可或缺的专业人士,如医生、律师、工程师、高级主管等。其中占 60% 的目标模糊者,几乎都生活在社会的中下层,他们能安稳地生活与工作,但都没有什么特别的成绩。剩下 27% 的是那些 25 年来都没有目标的人群,他们几乎都生活在社会的最底层。他们的生活都过得不如意,常常失业,靠社会救济,并且常常都在抱怨他人,抱怨社会,抱怨世界。

调查者因此得出结论:

目标对人生有巨大的导向性作用。成功,在一开始仅仅是一种选择,你选择什么样的目标,就会有什么样的人生。

因此,哈佛商学院在招募学生的时候,非常注重吸收那些有着卓越目标并愿意努力实现的学生。

行动要有正确的方向

一个没有方向的人,就如同驶入大海的孤舟,四野茫茫,没有方向,不知道自己走向何方,其前景也不容乐观。而有方向的人,就如同黑夜中找到了一盏明灯,它将照亮人们前进道路上的每一步。方向是激发一个人前进的动力,它是一个人行动的指南针,有方向的人能为美好的结果而努力,没方向的人只会在原地踏步,一生也只会碌碌无为。

曾看到过这样一则寓言故事。唐朝初年,在长安城西的一家磨坊里养着一匹马和一头驴子,马儿和驴子常年生活在一起,时间久了,两个人成了好朋友。马儿每天在外面做运送物品的工作,而驴子则每天在家里做推磨的工作。

后来玄奘大师去印度取经，想要挑选一匹精良的马儿作为坐骑。经过一番挑选，玄奘最终选中了这匹每天在外面做运送工作的马。于是马儿与大师一起前往印度取经。

十几年后，这匹马驮着佛经，回到了长安。

它再一次回到磨坊里看望自己多年不见的驴子朋友，并向他讲述了这次旅途的经历，他对驴子说："你知道吗？我经历了浩瀚无边的沙漠、高入云霄的山岭、凌山的冰雪、热海的波澜，那些像神话般的境界……"

驴子听了马儿的讲述，对这些自己从未见过的山山水水感到十分震惊，于是他赞叹地说："呀！你有这么多美好的见闻，我太羡慕你了，那些遥远的道路，是我从来都没有想过的啊！"

马儿听了驴子的话笑了，说："其实，我们走过的路程是相等的。当我向西域前进的时候，你也一步都没有停止过。只是我们不同的是，我与玄奘大师都有一个遥远而明确的方向，我们也始终朝着这个方向前进着，最终我们以自己的行动实现了遥远而明确的目标，打开了广阔的世界之门。而你因为没有方向，所以你一生的行动都是盲目的，只能绕着磨盘毫无目的地打转，最终也无法走出狭隘的天地。"

因此，**迷茫一族应早日做好自己的人生规划，心中有方向，努力才有目标**，人生之路才会顺风顺水，人生轨迹才会一直延伸。否则，在没有方向的区域里绕来绕去，最终只会走出曲线，或绕了一个圆圈又绕回原点。

然而有计划固然重要，但还要拥有恒心，即使在艰难险阻下，也要朝着自己设定的方向锲而不舍地前行，切不可半途而废，白白浪费自己的时间。

 心灵悄悄话

若想实现自己的愿望，使机会到来，就赶快行动。因为幸福不属于仅仅有思想、有准备的头脑，也不属于仅仅有能力的人，而属于有思想准备、有能力又有行动的人。

确立人生之旅的航向

具有明确目标的人,无论在任何时候都会受到他人的敬仰与关注,这是生活中的一个真理。如果一艘轮船在大海中失去了舵手,在海上打转,它很快就会耗尽燃料,无论如何也到达不了岸边。事实上,它所耗掉的燃料足以使它来往于海岸和大海好几次。

同样,如果一个人如果没有明确的目标,以及为实现这一明确目标而制定的确切计划,不管他如何努力工作,都会像一艘失去方向的轮船。辛勤的工作和一颗善良之心并不完全能使一个人获得成功,假使他并未在心中确定自己所希望的明确目标,他又怎能知道自己已经获得了成功呢?

如果我们将人生的成功比作一栋大厦的话,每栋高楼大厦耸立之前,一开始就要有一个"明确的目标",另加一张张蓝图作为其明确的建筑计划。试想一下,如果一个人盖房子时,事先毫无计划,想到什么就盖点什么,那将会是什么样子。所以,在你计划你的成功时,20 岁时最需要做的是:**明确自己人生之旅的航向。**

以下是拿破仑·希尔曾讲述的一个故事:

很多年前,有一位 20 岁的年轻人曾来找我商量。他表示,对于目前的工作甚不满意。希望能拥有更适合于他的终生事业,他极欲知道如何做才能改善他目前的情况。

"你想往何处去呢?"我这样问他。

"关于这一点,说实在的,我并不清楚。"他犹豫了一会儿,继续回答道。"我根本没有思考过这件事,只是想着要到不同的地方去。"

"你做过最好的一件事情是什么呢?"我接着问他,"你擅长什么?"

"不知道,"他回答,"这两件事,我也从来没有思索过。"

"假定现在你必须要自己做一番选择或决定,你想要做些什么呢? 你最想追求的目标是什么呢?"我追问道。

"我真的说不出来。"他相当茫然地回答,"我真的不知道自己想做些什么。这些事情我从未思索过,虽然我也曾觉得应该好好盘算这些事才对……"

"现在我可以这样告诉你,"我这么说着,"现在你想从目前所处的环境中转换到另一个地方去,但是却不知该往何处,这是因为你根本不知道自己能做什么、想做什么。其实,你在转换工作之前应该把这些事情好好做个整理。"

事实上,上述的例子正是大多数人失败的原因。由于绝大多数的人对于自己未来的目标及希望只有模糊不清的印象而已,因而通常到达不了目的地。试想,**一个人没有目标,又如何到达终点呢?**

后来,人们对这名年轻人进行了一番测验,分析的结果显示,他拥有相当良好、自己却浑然不觉的素质与才能,所缺乏的是指引他前进的目标。因此,人们教导他从信仰中取得力量。现在他已经满怀欣喜地迈向成功之路了。

经过这番测验,他已清楚了解自己究竟该往何处,以及如何才能到达该处。他也已明白何为至善,并期待达到这个目标。现在任何事物均已不可能对他构成障碍,阻止他前进了。

任何人如果能对自己的工作、身体及毅力都完全信任,且努力工作、全身心投入的话,那么你已经找到了自己的强项,无论目标或理想如何遥不可及,你也必能排除万难,达成愿望。不过,在进行的过程中,有一件相当重要的事是:你想往何处去呢? 只有知道终点所在,才能到达终点,梦想也才会成真。此外,期待的也必须是确立的目标。可惜的是,一般人大多并未具备上述观念,因此很难实现真正的理想。毕竟没有清楚的追求目标,想要期待至善的结果出现,这简直是不可能的事。

目标,是一个人未来生活的蓝图,又是人精神生活的支柱。美国著名整形外科医生马克斯韦尔·莫尔兹博士在《人生的支柱》中说:"任何人都是目标的追求者,一旦达到目的,第二天就必须为第二个目标动身起程了……人生就是要我们起跑、飞奔、修正方向,如同开车奔驰在公路上,有时偶尔在岔道上稍事休整,便又继续不断地在大道上奔跑。旅途上的种种经历才令人陶醉、亢奋激动、欣喜若狂,因为这是在你的控制之下,在你的领域之内大显身手,全力以赴。"

一个没有目标的人生,就是无的放矢,缺少方向,就像轮船没有了舵手,旅行时没有了指南针,会令我们无所适从。

一个明确的目标,可令我们的努力得到双倍甚至数倍的回报。

而另一方面,如果并列的目标太多,也会令我们穷于应付,觉得辛苦,并且令我们的努力得不到相应的回报,因为我们的努力不够集中。

古时候有一个财主,找一个部落首领讨要一块土地。部落首领给他一个标杆,让他把标杆插到一个适当的地方,并答应他说:如果日落之前能返回来,就把首领驻地到标杆之间的土地送给他。财主因为贪心,走得太远,不但日落之前没有赶回来,而且还累死在半路上。这个财主没有自己的目标,或者说目标不具体,所以失败了。

钢铁大王卡内基决定制造钢铁时,脑海中便不时闪现这一欲望,并变成他生命的动力。接着他寻求一位朋友的合作,由于这位朋友深受卡内基执着力量的感动,便贡献自己的力量;凭借这两个人的共同热忱,最后又说服另外两个人加入进来。这四个人最后形成卡内基王国的核心人物。他们组成了一个智囊团,四个人筹足了为达到目标所需要的资金,而最后他们每个人也都成为巨富。但这四个人的成功关键并不只是"辛勤工作",你可能也发现了,有些人和你一样辛勤工作,甚至比你更努力,但却没有成功。教育也不是关键性的因素,华尔顿从来没有拿过罗德奖学金,但是他赚的钱,比所有念过哈佛大学的人都多。

伟大的成就,源于对积极心态的了解和运用,无论你做什么事,你的心态都会给你一定的力量。抱着积极心态,意味着你的行为和思想有助于目标的达成;而抱着消极心态,则意味着你的行为和思想不断地抵消你所付出的努力。当你设定明确目标的同时,也应该建立并发挥你的积极心态。但是,设定明确目标和建立积极心态,并不表示你马上就能得到你所需要的资源,你得到这些资源的速度,应视需要范围的大小,以及你控制心境使其免于恐惧、怀疑和自我设限的情形而定。

朋友们,如果你还没有一个明确的目标,那你就应该放下手上的一切其他事情,坐下来,认真思考一下适合自己的目标了。

另一方面,如果你的目标太多的话,只会令你眼花缭乱。"术业有专攻"你也得坐下来,把它们都写在纸上,然后逐个分析它们,将不重要的删掉,留下对你最重要也最适合你去发展和追求的目标。然后,就把它作为你的努力方向去奋斗吧。如果中间发现这个目标同你的大方向有出入,你可以随时中途调整你的目标。

目标是指想要达到的境地或标准,有了目标,努力便有了方向。一个人有了明确的目标,就会精力集中,每天想的、做的基本上都与之所要实现的目标相吻合,避免做无用功。为了实现目标,他能始终处于一种主动求发展的竞技状态,能充分发挥主观能动性,能精神饱满地投入学习和工作,能够脱离低级趣味的影响,而且为达到目标能够有所弃,一心向学,因此,能够尽快地实现优势积累。这就像登泰山一样,漫无目标者是随便走走,一会儿参观岱庙,一会儿选几个美景摄影留念,东游西逛。还没有走到中天门天就黑了。相反,如果你把目标确定为尽快到达玉皇顶,你就会像参加登山比赛一样,中途无心四处张望、逗留,热闹、美景全不去看,甚至帽子被风刮跑了也不肯花费时间去捡,当然会比较快地到达极顶。

从实践看,往往是奋斗目标越鲜明、越具体,就越有益于成功。正如作家高尔基所说:"一个人追求的目标越高,他的才能就发展得越快,对社会就越有益。"

公元前三百多年,雅典有个叫台摩斯顿的人,年轻时立志做一个演说家。于是,四处拜师,学习演说术。为了练好演说,他建造了一间地下室。每天在那里练嗓音;为了迫使自己不能外出郊游,一心训练,他把头发剪一半留一半;为了克服口吃、发音困难的缺陷,他口中衔着石子朗诵长诗;为了矫正身体某些不适当的动作,他坐在利剑下;为了修正自己的面部表情,他对着镜子演讲。经过苦练,他终于成为当时"最伟大的演说家"。

我国东汉时期的思想家、哲学家王充,少年丧父,家里很穷,但他立志要学有所成。首先,他通过优异成绩获得乡里保送,进入了当时的全国最高学府——太学,利用太学里的藏书来丰富自己的头脑。其后,当太学里的书不能满足他而自己又无钱购买时,他便把市上的书铺当书房,整天在里面读

书,通过帮人家干零活儿来换取免费读书的资格。就这样,他几乎读遍了洛阳城的所有书铺。由于他积累了丰富的知识,终于成为我国历史上著名的学者,并写出了至今仍有重要价值的《论衡》。

明末清初著名的史学家谈迁,29 岁开始编写《国榷》。由于家境贫困,买不起参考书,他就忍辱到处求人,有时为了搜集一点资料,要带着铺盖和食物跑 100 多里路。经过 27 年艰苦努力,《国榷》初稿写成了,先后修改 6 次,长达 500 多万字。不幸的是,初稿尚未出版却被盗了。这一沉重打击,令他肝胆欲裂,痛哭不已。然而这一打击却没有动摇他著书的雄心壮志。他擦干了眼泪,又从头写起。他不顾年老多病,东奔西走,历时八九载,终于在 65 岁时,写成了这部卷帙浩繁的巨著。

目标会使我们兴奋,目标会使我们发奋,因为走向目标便是走向成功,达到目标便是获得成功。成功是人的高级需要,世界上还有什么能比成功对人有更巨大而持久的吸引力呢?

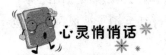

心灵悄悄话※

有明确方向的人,生活起来才会更有激情,行动起来才会更有力量,成功的希望也会更大。而没有方向的人,在人生的道路上只会盲目前进,毫无收获。即使他们在生活中经历了坎坷和磨难,但到最后所做的也是毫无意义的事情。所以,从此刻起,找到你的方向,让你的行动更有价值。

有目标执行更有力

清楚地知道自己需要什么

芸芸众生，成功者到底占 1% 还是不到 1%，虽然我们无法统计这一数字，但他们有一个突出的特征——与他人截然可分。这就是生活的强烈方向性，即成功者始终携带着取得人生决战胜利的行动计划。

成功者无一不对自己随时随地的去向一清二楚。他们目标明确，也会付出切实的行动。他们知道自己要的是什么，也知道在哪里可以得到它。他们确定目标，同时又决定通向那个目标须走的道路。

达到目标就是成功，我们每个人都一直在不断地实现自己的目标，因此，我们都可以不断地取得成功。

成功者很清楚，按阶段有步骤地设定目标是如何重要。所以，在这里我们提出，在你 20 岁的时候就可以作出以下计划："五年计划""一年计划""六个月的目标""本年度的目标"等。

然而，成功者之所以成功，最重要的原则——**成功是在一分一秒中积累起来的**。许多人都把时间大把大把地扔掉了，扔在那些慢腾腾的动作中；扔在毫无意义的闲聊中；扔在查阅那些没用的资料中；扔在漫无目的的交往中；扔在发表那些众所周知论点的夸夸其谈中；也扔在对那些微不足道的动作和事件的小题大做中；还扔在对琐碎小事无休止的无谓忙碌和"话匣子"一开就没完没了的过程中。这些人把时间不加考虑地用在了并不重要、也并不紧急的地方，而把真正与实现重要目标有关的活动排到次要地位。由于没有把计划的内容放在首位，所以即使辛辛苦苦制订了计划也不能执行。

结果大多是失败了。

还有一些人，他们热衷于制订宴会计划，剪贴报纸，甚至制作赠送贺年片的朋友住所录。他们在这些事情上花费的时间，远比花时间确立人生计划要大方得多。

成功者每天的目标，至少要在前一天的傍晚或晚间制定出来，还要为第二天应该做到的事情排出先后顺序，至少要写出 6 个以上顺序明确的内容。于是第二天清晨醒来，他们就按着事情的顺序，一一去身体力行。

每天结束时，他们再次确认这张目标表。完成的项目用笔划去，新的项目追加上去，一天内尚未完成的，顺推到下一天去。

如果你来到百货大楼，而你没有购物的预算限制，其结果会怎样？你漫步在商品琳琅满目的大厅里，电视里的广告宣传浮现到你脑中，眼前的新产品让你炫目，你的购买欲望在燃起。结果，你满载而归——手提包里装满了原来并没打算买，也不需要，甚至是你原来很反感的东西。

一个成功的目标，对自己和家庭，从现实到长远利益都应考虑周全。

目标，应该是明确的。精神好像一个自动装置，一个自己不思考的计算机。它只执行你所决定的事项。如果不给它明确的信息，就不可能有明确的机能和行为。

像"幸福""充足""健康"这样一些模糊不清的概念，计算机是无法遵照指令行事的。但是，如果你说每月收入 5000 元，买一个新的电脑，体重下降 5 千克，或者在某年某月通过资格考试，它立即会对这些明确的目标产生反应。

那么，究竟怎样才能进行积极的"目标设定"呢？其秘诀就在于明确规定目标，将它写成文字妥善保存。然后仿佛那个目标已经达到了一样，想象与朋友谈论它，描绘它的具体细节，并从早到晚保持这种心情。

你的那部"自我意象"的自动机，它无法区别出真正的还是虚假的经验；是"正式上演"，还是"彩排"，是实际中体验的，还是想象的。所以不论你树立什么样的目标，好像那已经成了你生活中的一部分，不知不觉地向那个目标的方向前进。

人具有一种不知不觉地向自己所向往的形象运动的自然倾向。不知向何处漂泊的小船，风对它们也失去了含义。没有目标的人，犹如没有舵的船。"风吹来，有的船驶向东，有的船会漂往西。它们的航向不取决于风从

哪里来,而在于船上的帆张向哪一边。"这与我们的人生是何其相似。在人生的海洋上,流逝的时间像吹到船上的风,扬起风帆的只有我们自己。周围发生的一切,都无法代替我们去驾驶那只属于我们自己的小船。

别忘记牢牢地把稳你的船舵。制订了计划,势必推进它而不摇摆拖曳。一天有一天的目标,即刻行动起来,选准目标,坚定不移地执行到底。只要你能够这样每天"彩排"一遍,潜在意识就能自然接受它,使你一天天向理想的目标迈进。

你要把目光始终看着你自己和每个实现目标的自我意象。对今后人生,制订一个成功者行动计划。你如能做到这些,你将赢得成功的人生! 时间在分分秒秒流去,刻不容缓!

一辈子做一件事

有这样一个现象:最著名的成功商人都是那些能够迅速果断作出决定的人,他们工作时总有一个明确的主要目标,他们都是把某种明确而特定的目标当作自己努力的重要推动力。

同样,虽然20岁的人年龄不是很大,也许这个年龄的人还在通过学习来充实自己。但是,胸怀大志的人在这个时候就应当想想在这个世界上,究竟哪一种工作适合自己,而且一定可以在这方面做得更好。因此,你一定要努力寻找这种特别适合你的工作或行业,把它当作你明确的主要目标,然后集中你所有的力量,向它发起进攻,并确信自己一定会获胜。在你寻找最适合自己的工作的过程中,如果你能谨记下面这一事实,必然会对你极有帮助:找出你最喜欢的工作之后,你极有可能获得很大成功,这是众人皆知的事实。一个人若能从事他可以投注全部心力的某种工作,他通常可以获得最大成就。

有人说:**如果一个人一辈子只做一件事情,那样的话那件事情一定是一件精品,或许会流传下去的。**

自然,一辈子只做一件事情,需要很大的勇气、很多的耐心,要耐得住寂寞。那样,你就要把眼睛死死地盯住你的目标。

古往今来，凡是有所作为的科学家、艺术家或思想家、政治家。无不注重人生的理想、志向和目标。何谓目标呢？它犹如人生的太阳，驱散人们前进道路上的迷雾，照亮人生的路标。目标，是一个人未来生活的蓝图，又是人的精神生活的支柱。

在科技发展的历史上，有很多著名人才都是眼睛紧紧抓住目标，达到把握机遇的目的。德国昆虫学家法布尔这样劝告一些爱好广泛而收效甚微的青年，他用一块放大镜子示意说："把你的精力集中放到一个焦点去试一试，就像这块凸透镜一样。"这实际是他个人成功的经验之谈。他从年轻的时候起就专攻"昆虫"，甚至能够一动不动地趴在地上仔细观察昆虫长达几个小时。

我国著名气象学家竺可桢是目标聚焦的践行者，观察记录气象资料长达三四十年，直到临终的前一天，他还在病床上做了当天的气象记录。

怎样才能让眼睛不离开目标呢？

一是要确定目标，二是要考察自己的长处和短处，结合自己的情况，扬长避短。

我国著名的科普作家高士其在他人生的艰难征途上走过 83 个年头。从 1928 年他在芝加哥大学医学研究院的实验室做试验，小脑受到甲型脑炎病毒感染起，他同病魔顽强地斗争了整整 60 年。在 1939 年全身瘫痪之前，他根据自己的健康状况和所拥有的较全面的医学、生物学知识，坚定地选择"科普"作为自己的事业。他是一位科学家，又成了一位杰出的科普作家和科普活动家。在全身瘫痪，手不能握笔，腿不能走路，连正常说话的能力也丧失，口授只有秘书听得懂的艰难情况下，从事科普创作五十多年，用通俗的语言、生动的笔调、活泼的形式写了大量独具风格的科普作品。

目标聚焦，虽然方向正确、方法对头，但成功的机遇有时可能姗姗来迟。如果缺乏坚忍的意志，还会出现功败垂成的悲剧。生物学家巴斯德说过："**告诉你使我达到目标的奥秘吧，我的唯一的力量就是我的坚持精神。**"很多成就事业的人都是如此。如洪晟写作《长生殿》用了 9 年，吴敬梓写作《儒林外史》用了 14 年，阿·托尔斯泰写作《苦难的历程》用了 20 年，列夫·托尔斯泰写作《战争与和平》用了 37 年，司马迁写《史记》更是耗尽毕生精力等。

我国古代著名医师程国彭在论述治学之道时所说的"思贵专一,不容浮躁者问津;学贵沉潜,不容浮躁者涉猎",讲的就是这个道理。

驰名中外的舞蹈艺术家陈爱莲在回忆自己的成才道路时,也告诉人们"聚焦目标"的际遇:"因为热爱舞蹈,我就准备一辈子为它受苦。在我的生活中,几乎没有什么'八小时'以内或以外的区别,更没有假日或非假日的区别。筋骨肌肉之苦,精神疲劳之苦,都因为我热爱舞蹈事业而产生。但是我也是幸福的。我把自己全部精力的焦点都对准在舞蹈事业上,心甘情愿为它吃苦,从而使我的生活也更为充实、多彩,心情更加舒畅、豁达。"

是的,机遇就在目标之中。用眼睛盯住目标,必须用理智去战胜飘忽不定的兴趣,不要见异思迁。正如美国作家马克·吐温所说的:**"人的思维是了不起的。只要专注某一项事业,那就一定会做出使自己都感到吃惊的成绩来。"**

心灵悄悄话

著名哲学家黑格尔说过的一句话:"一个有品格的人即是一个有理智的人。由于他心中有确定的目标,并且坚定不移地以求达到他的目标……他必须如歌德所说,知道限制自己;反之,那些什么事情都想做的人,其实什么事都不能做,而终归于失败。"

大目标换来大收获

约翰·贾伊·查普曼说:"**世人历来所敬仰的是目标远大的人,其他人都无法与他们相比⋯⋯贝多芬的交响乐、亚当·斯密的《国富论》,以及人们赞同的任何人类精神产物⋯⋯你热爱他们,因为你说,这些东西不是做出来的,而是他们的真知灼见发现的。**"

树立目标,其实就是让一个人从大地上站立起来,从懵懵懂懂中清醒过来,从浑浑噩噩中悔悟过来,从芸芸众生中凸显过来。生活不能没有目标,人生不能没有方向。树立目标就是给人生一个目标,一个方向,从而使得一个人的智慧、情感和意志沿着预定的方向驶向既定的方向,最终达到成功。

但这并不是要我们随便立一个目标了事,而是根据一些特定的情况设定能使自己有所成就的目标。因为小目标制造小收获,大目标换来大收获。所以我们要有更高的目标,用更高的标准来要求现在的自己,这样我们就可以从自己的努力过程中获得更多的成功,也能创造更多的快乐。

比尔·盖茨 20 岁开始领导微软,31 岁时成为有史以来最年轻的亿万富翁。37 岁时成为美国首富并获得国家科技奖章,39 岁时身价一举超越华尔街股市大亨沃伦·巴菲特而成为世界首富。

有人说,比尔·盖茨的成功,主要归功于他最初怀揣着的那个不为人知的梦想:将来,在每个家庭的每张桌子上面都有一台个人电脑,而在这些电脑里面运行的则是自己所编写的软件。比尔·盖茨自己也多次公开认同这个观点,他说,正是这个梦想使他领导着微软从一个软件小作坊而发展成为今天称霸全球的王牌企业。

比尔·盖茨说:"当我和最亲密的伙伴艾伦在湖滨中学几台笨重的机器前设计课表程序时,我们就坚信:在软件开发上,我是王,我能赢!"

在比尔·盖茨 11 岁时,他的数学和自然科学知识已在他的同龄人中遥遥领先,他所读的学校已经不能满足他的求知欲。因此,1967 年,比尔·盖茨的父母做了一个关键性的决定,在适应比尔·盖茨智力发展的湖滨中学注册入学。

正是这所学校激发了比尔·盖茨智慧的火花和天才般的创造力。在这里他成就了自己的第一笔商业交易,创办了他第一家营利的公司,也在这里找到了加入他缔造的微软帝国的"十字军"。

当他在湖滨学校的电脑房的机器上输入了几条简单的指令,并与几英里之外的 POP—10 型电脑联通,信息反馈过来后,比尔·盖茨吃惊极了,这也成为他人生中一次大的转折点。从那以后,不管什么时候,只要一有空,他总会往湖滨中学的高学部跑,全身心地投入到几台机器上,反复进行操作和练习。在那里,他如饥似渴地汲取任何可以得到的电脑信息,也认识了后来成为美国电脑界一位大名鼎鼎的人物——保罗·艾伦。

1972 年,湖滨中学程序编制小组得到了一项重要的业务,俄勒冈州波特兰市的信息科学公司想请一批人来为它的客户编写一份工资表程序。艾伦和理查德·韦兰选定了比他们岁数小的同学,并邀请比尔·盖茨和伊文斯与他们一起承担信息科学公司的这个项目。

当程序完成时,他们乘车去波特兰与信息公司的董事们参加会议。这就必然谈到钱的问题,比尔·盖茨他们几个都不希望按时付费,提出按项目产品或版权协议的规定来支付他们的酬金,版税的金额是非常巨大的。这一个程序,他们得到了信息公司所获利润的 10%,通过协议和法律规定,公司无权占用属于他们的那部分收益。

信息科学公司给了他们专门用于购置电脑的大约价值一万美元的支票,虽然这是一笔不小的收入,但更主要的是比尔·盖茨在为自己能够获得这项酬金欢欣鼓舞的同时,更为自己当初发明的点子而无比振奋。

也就是在这个项目的鼓舞下,比尔·盖茨把目光投向更远,他暗下决心——我应是王,要做未来美国甚至全球电脑行业的"王"。

就是这个目标时刻激励着比尔·盖茨,让他一步步地向他的梦想迈进。

现今,没有人怀疑比尔·盖茨是世界上最富有、最成功的商人。他的成功之路也告诉我们:有远大的理想才有远大的宏图;没有非凡的志向不可能有非凡的事业。心有多高,舞台就有多大。

有人说："一心向着目标前进的人，整个世界都给他让路。"那么，如果你也想有所成就，就要有远大的目标，然后朝着这个目标不断努力，总有一天你会看到胜利在向你招手。

心灵悄悄话

一个人如果没有远大的目标，就可能会被短暂的种种挫折所击倒，过分夸大成功道路上的艰难险阻，就会将目标看成遥远的"乌托邦"，从而放弃了成功的机会。如果你树立一个远大的目标，并为之不断地努力、付出，最后你肯定会获得成功的果实的。

目标是方向选择需恰当

人生目标要合理

小时候爱听爷爷讲故事,有一个故事至今仍记忆犹新。

有一个叫向波的年轻人,在离警局不到100米的地方,被两个歹徒截住。歹徒让向波交出身上所有值钱的东西,向波什么都没有说,默默地把一条金项链交给了歹徒。

歹徒仍不甘心,把向波浑身上下搜了两遍,没有更多的收获,便恼羞成怒,将向波打昏在地。路过此地的一名警察救起了向波,问道:"你被抢的地方,离警局那么近,你当时为什么不大声喊救命呢?"

向波答道:"因为我怕一张开嘴巴,连我嘴里的五颗金牙也会一起被歹徒抢走!"

爷爷最后说:"真正的盲人,并非双目失明的人,而是那些对问题短视、缺乏远虑的人。"

要想成功,不能没有远见,要把目光盯在远处,用远大之志激发自己,并咬紧牙关、握紧拳头,顽强地朝着自己的人生方向走下去。没有这种品性的人,是绝对不可能成大事的,甚至连小事都做不成。

成大事者是具有远见的人,因为只有把目光盯在远处,才能有大志向、大决心和大行动。那么,远见是一种什么东西呢?

作家乔治·巴纳说:"远见是在心中浮现的,将来的事物可能或者应该

是什么样子的图画。"

沃尔特·迪斯尼是一个有远见的人。他想象出这样一个地方：那里想象力比一切都重要，孩子们欢天喜地，全家人可以一起在新世界探险，小说中的人和故事在生活中出现，触手可及。

没有远见的人只看到眼前的、摸得着的、手边的东西，有远见的人心中装着整个世界。"远见"跟一个人的职业无关，他可以是个货车司机、银行家、大学校长、职员、农民……世界上最穷的人并非身无分文者，而是没有远见者。

适合自己的目标就是最好的

人的构想使生活有了目标，这个目标就使你现在的生活变得有了意义，也使你的未来变得一片光明。

人的一生就是朝着这个目标，用实际行动来实现这个目标的。

《圣经》上说："人想什么便像什么。"这就是说，人的一思一想、一言一行，都是由他下意识的目标暗示决定的，他想什么脑子里就会形成一幅图画，这幅图画会引导他朝着理想的目标前进。

世界知名的布道家贝尔博士说：**"想着成功，成功影响就会在内心形成。在雄心勃勃的推动力下，你可以控制环境，创造人生。"**

由于人的内心构想是人生的设计蓝图，对于人的现在和未来都有重大的影响，每一个人都希望在自己的脑海里形成美好的蓝图，像一幅完美无缺的图画，比任何一位艺术大师笔下的杰作都更加出色美丽。

但是有些人想得太好了，以至于难以实现，于是便会产生失望和悲观。

目标是一种方向，需要恰当地选择。假如你的一个目标发生了问题，应当更换另一个目标，这样才能重新确定自己的强项。

1888 年，作为银行家的里凡·莫顿先生成为美国副总统候选人，一时声名鹊起。1893 年夏天的某个时候，美国一位部长詹姆斯·威尔逊先生到华盛顿拜访里凡·莫顿。在谈话之中，威尔逊偶然问起莫顿是怎样由一个布商变为银行家的，里凡·莫顿说：

"那完全是因为爱默生的一句话。事情是这样的：当时我还在经营布料生意，业务状况比较平稳。但是有一天，我偶然读到爱默生写的一本书，爱默生在书中写的这样一句话映入了我的眼帘：'如果一个人拥有一种别人所需要的特长，那么无论他在哪里都不会被埋没。'这句话给我留下了深刻的印象，顿时使我改变了原来的目标。

"当时我做生意本来就很守信用，但是与所有商人一样，难免要去银行贷些款项来周转。看到了爱默生的那句话后，我就仔细考虑了一下，觉得当时各行各业中最急需的就是银行业。人们的生活起居、生意买卖，处处都需要金钱；天下又不知有多少人为了金钱，要翻山越岭、吃尽苦头。

"于是，我下决心抛开布行，开始创办银行。在稳当可靠的条件下，我尽量多往外放款。一开始，我要去找贷款人，后来，许多人都开始来找我了。由此可见，任何事情，只要脚踏实地地去做，不可能会失败。"

人生的道路上，找到适合自己的目标非常重要。否则，将会永远挣扎于不满意的情绪之中。所以，设定一个适合自己的目标，使理想在现实条件下可能实现，就会给人带来快乐幸福。

什么样的目标是适合自己的目标呢？

适合自己的目标是在自己的能力范围内和社会需要的前提下制定出来的，是可以达到的目标。不是空想，不是信口开河，空想因为无法实现会使人陷入悲观；而适合自己的目标，就会有具体的实施办法，就会给人以希望，使人越干越有劲，越活越年轻。

适合自己的目标，不是降低自己的追求，而是把自己的长远目标和短期目标结合起来规划自己的生活。一个中学生在暑假里打工，觉得自己适合做生意，于是就不再继续上学。要去做生意，这就是把自己的目标降低了，就是只从眼前利益出发来确定自己的奋斗目标，忽视了长远的发展目标。

人的能力在不断地发生变化，你自己发展了，目标也就要随着调整，目标也随着能力的发展在不断地扩大。而如果一个人停止学习，他的能力也会随之下降，那么，他原来与之相适应的目标也就会显得难以实现了。所以，适合自己的目标在任何情况下都会发生变化，这就要求每个人在实际生活中不断地适应变化，不断地调整自己，力求使人生的内在潜能得到最大的

第一篇 明确执行的目标

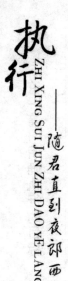
开发。

　　一个适合自己的目标，不是一成不变的，而是不断发展变化的，人生也就是在这种不断变化过程中实现自己的终极目标的。

　　凡事预则立，不预则废。有些人不可以说不努力，每天都很辛苦，但总是没什么收获，成功从不光顾他，就因为他做事没有计划，没有行动指南，结果白费时间、精力、金钱。只动手做，不动脑想，这种表面上的勤快只是没有效率和效果的忙碌。认真地设计一下自己的人生计划，这才是成功必不可缺的关键环节。

心灵悄悄话

　　如果你连自己的方向都搞不清楚，自然哪里也到不了。初入社会的人大多会换好几次工作，有时候甚至换到截然不同的行业，然后才渐渐稳定下来。为什么？这是因为多数人对人生都没有明确的方向。对自己的人生真正感到满意的人都是走在自己选择的道路上。

用目标引领人生

野心是迈向成功的第一步,现在很多人崇尚"知足常乐",固然,知足常乐可以作为一种生活态度,可以让人过得更轻松,但却绝对不可以当作人生信条。我们生活在这个世界上,就必须要不断地奋斗,不断地向另外一个目标前进。没有野心的人是可悲的,不管他多么有才华,没有了进取的信念,就只能成为一个庸庸碌碌的人。

明宇和叶子考进了同一所全国著名的学校,在学校学习期间,两个人都十分努力,成绩优秀。大学生就业越来越困难,幸运的是,毕业的时候,一家国际知名的大企业到学校来招聘,两个人都顺利地过关斩将,成功地获得了仅有的两个待遇优厚的职位。

因为是校友,又到了同一个公司,两人自然就成了好朋友。

在别人眼里他们是幸运的,从一个普通学生一下子就跨入了白领阶层。叶子也是这样想的,她对自己的工作十分满意,认为自己以前所有的努力终于有了回报。所以,她总是小心翼翼地在工作上不出一点差错,生怕丢了饭碗。

可是明宇则不然,到公司以后,他的工作也很出色,颇受上司赏识。但是明宇觉得这家公司不大适合自己发展,于是积累了一段时间经验以后,毅然决定辞去待遇丰厚的职位,打算自己下海打拼。临行前,明宇和叶子打了个招呼。

"什么?你疯啦!好好的工作不做,辞职了没收入怎么办?做生意破产了怎么办?"叶子显然不理解明宇的想法。

"工作了一段时间,我觉得应该出去闯一闯了,'王侯将相,宁有种乎!'我也可以做一番大事业,也可以自己当老板!"明宇充满信心地说。

"做人稳当就可以了,不要有那么大野心。而且我们现在的工作待遇已经很高了,别人想找还找不到呢!"叶子善意地劝说明宇。

"叶子,现在竞争激烈,我们不能安于现状,人不能没有点儿野心。你也一样,别老安于现状,我看这家公司还是很适合你发展的,你也要有个奋斗目标才行。"明宇反过来劝说叶子。

最后,明宇离开公司自己闯荡去了,叶子依旧兢兢业业地保护着她那"稳定的工作"。

两年后因为政策的调整,叶子所在的公司进行了一次大的人员调整,叶子虽然工作上没出过什么错,可是因为她太"不进取",被公司列在了裁员名单里,只好重新找工作。而此时,明宇已经是一家公司的总裁了。

野心,简单点或者语气缓和一点来说就是进取的欲望,梦想有多大,让你驰骋的天空就有多大,而野心是成就梦想的第一步。

当人有了某种愿望后,就有渴望去达到或追求实现这种愿望的动力,而不会总是找理由来打击自己的企图心。但有一点是必要的,这种愿望在你的心中必须是符合实际的,能被现实所接纳的,是美好、积极的。

很多人在陌生的城市中打拼了几年,或者在学校里郁闷了多年,发现自己没有了激情和目标。生活中除了无聊和枯燥,似乎没有别的了。看着别人的成功也觉得无所谓了,麻木了。虽然几年前还是那么的艳羡,似乎还有个崇拜的偶像,还有自己的理想和抱负,但现在什么感觉都没有了。每天的生活就是麻木地工作、闲聊、发呆、看无聊的电视或沉迷于网络,对自己不懂的东西已经没有任何好奇心了,甚至连十分钟都静不下心来读一读书。整个人已经麻木了,心灵已荒如沼泽,人已形同枯槁。如果这个人就是你,那你该醒醒了,该找回自己的企图心了!

有句话是这样讲的:**如果你把箭对准月亮,那么你可以射中老鹰;但如果你把箭对准老鹰,你就只能射中兔子了。**如果你在这么年轻、这么精力充沛的人生阶段是这种状态,那你一辈子只能射兔子了,甚至连兔子也射不到,沦落到守株待兔的境地,一生中再也没有射中老鹰的臂力,甚至连这样的机会上帝都不会给你。如果你是这样的状态,并且打算就这样持续下去,那你这一生就完了。

有这样一则故事:很久很久以前,曾经有三只小鸟,它们一起出生,一起长大,等到羽翼丰满的时候,又一起从巢里飞出去,一起寻找成家立业的位置。

它们飞过了很多高山、河流和丛林,飞到一座小山上。一只小鸟落到一棵树上说:"这里真好,真高。你们看,那成群的鸡鸭牛羊,甚至大名鼎鼎的千里马都在美慕地向我仰望呢。能够生活在这里,我们应该满足了。"它决定在这里停留,不再飞走了。

另外两只小鸟却失望地摇了摇头说:"你既然满足,就留在这里吧,我们还想到更高的地方去看看。"

这两只小鸟开始了继续飞行的旅程,它们的翅膀变得更强壮了,终于飞到了五彩斑斓的云彩里。其中一只陶醉了,情不自禁地引吭高歌起来,它沾沾自喜地说:"我不想再飞了。这辈子能飞上云端,便是伟大的成就了,你不觉得已经十分了不起了吗?"

另一只鸟很难过地说:"不,我坚信一定还有更高的境界。遗憾的是,现在我只能独自去追求了。"

说完,它振翅翱翔,向着九霄,向着太阳,执着地飞去……

最后,落在树上的成了麻雀,留在云端的成了大雁,飞向太阳的成了雄鹰。

不同的目标决定了不同的人生位置,生活就是这样。为了我们将来能放歌于山巅,现在,就扩大你的思维空间,设立好你的目标与理想。

一个人成就事业的过程,其道理与鸟的飞翔是一样的。过去怎么样,现在怎么样,都不重要,重要的是将来想要获得什么成就。没有目标的人,不可能有大的成功。

心灵悄悄话

拥有成功的企图心你才可能成功。拥有一颗奔腾不息的企图心,会为你的生活创造一个孕育动力的落差,时刻提醒你去奋斗,引导你去奋斗;时刻让你与别人不同。

瘦子和胖子的比赛

人生有目标才会成功。大多数人无法达成他们的目标,其原因在于:他们从来没有真正定下自己的目标。对所有人来说,过去和现在的情况并不重要,重要的是你将来想获得什么成就。如果你沉醉于过去,幻想着现在,而没有设定未来的目标,那么你就很难取得成功。一个人没有目标,就不可能采取任何有效的行动,更不会有信心;一个人没有目标,就只能在人生的旅途上徘徊,永远到达不了任何理想的地方。有了目标,内心的力量才会找到方向,才能成功到达目的地。

有一个瘦子和一个大胖子在一段废弃的铁轨上比赛走枕木,看谁能走得更远。

瘦子看了看胖子,暗暗窃喜。心想:他这么胖,一定没有我的耐力好,这场比赛我一定能赢。想象之余,他的脸上露出了得意的笑容。果真如他所想的,在比赛刚刚开始的时候,瘦子走得很快,显示出了自己的优势,渐渐地把胖子落下一大截。但走着走着,瘦子的脚步开始慢了下来,渐渐走不动了,眼睁睁地看着胖子逐渐从后面追了上来,并以原来的速度继续向前行走,慢慢地超过了自己。瘦子心中不服气,心想:我怎么可以让一个大胖子超过自己呢?这不是天大的笑话吗?想着想着,他决定加把力气,继续前进超越胖子,取得胜利,但此时的他已经没有力气了,很难继续走下去,最后,很遗憾,他由于疲惫不堪而跌倒了。比赛的结果可想而知……

虽然这场比赛以瘦子的失败而告终,但瘦子苦苦思索,却一直没有找到自己失败的原因,于是,他走到胖子跟前,对胖子说:"老兄,我们两个一胖一瘦,本来身体比较瘦的我应该取得胜利的,可我最后却偏偏输给身体肥胖的您,这是为什么呢?"

胖子听了瘦子的话,说:"你在走枕木的时候,眼睛只盯着自己的脚,所以,走不了多远,你就会跌倒。而我的身体的确是很胖,以至于我连自己的脚都看不到，所以，我不看自己的脚，而是选择铁轨上稍远处的一个目标，朝着这个目标不断前进，当接近这个目标后，我又选择稍远处的另一个目标，并向着这个新的目标继续前进，就这样我一个接一个地选择目标，不断地向前，最终我获得了胜利。"接着，胖子颇有哲学意味地说："如果你一直向下看自己的脚，你所能看到的只能是铁锈和发出异味的植物而已；而当你看到铁轨上有一段距离的目标时，你就能在心中看到目标的完成，心里会有更大的动力。"

听了胖子的话，你是否会在此刻问一问自己："你的人生有目标吗？你是否也像瘦子一样仅仅盯着自己的脚下不放呢？"

人生有了目标才会取得成功，才会成为生活中的强者。一个不敢挑战自我的人，只能是懦弱地活着。一个经受不住考验的人，更难干出一番大事业。每一个人在其前进的道路上都不可能是一帆风顺的，都会遇到荆棘，遇到拦路虎。这就仿佛是一个战场，要想在这战场上打胜仗，唯一的法宝，便是斗志和努力，不管前方有多么令人毛骨悚然的危险声在吼叫，都要做到临危不乱，遭受挫折而不屈服，意志坚定如磐石，稳重如山岳，振作起来，坚忍不拔地勇往直前。

一天清晨，加利福尼亚海岸被浓雾笼罩着。在海岸以西的卡塔林纳岛上，一个名叫费罗伦丝·棵德威克的女人正在太平洋中游向加州海岸。这是一个经过很多人尝试但都没有取得成功的行动，当然如果这次她取得了成功，那么她将是第一个游过这个海峡的女人。

那天的水很凉，冰凉的海水刺入她的肌肤，她的全身感到异常疼痛，而且这一天的雾也很大，她连护送她的船队都看不到。她在水中不停地游着，眼看着时间一分一秒地过去，成功近在眼前，但她实在是无法忍受冰凉刺骨的海水的侵袭，她被冰冷的海水冻得浑身发麻。于是，她叫人拉她上船，这时，她的母亲和教练告诉她海岸很近了，很快就会到达，叫她不要放弃。然而，她朝着海岸望去，由于浓雾笼罩，她什么也没有看到，最后她坚持上了船。

过了一段时间，她的身体渐渐缓和过来，这时她开始意识到了自己的失败。她不假思索地对记者说："说实在的，我不是为自己找借口。如果当时我看见陆地，也许我能坚持下来。"人们拉她上船的地点，离加州海岸只有半英里！

后来在接受记者的采访时,她说自己不是被冰冷的海水和疲倦击败的,而是被目标击败的,因为那天的浓雾使她看不到目标。

因此,在两个月后,她继续自己这项未完成的事业,这一次,她成功地达到了自己的目标。此次,她不但是第一位游过卡塔林纳海峡的女性,而且比男子的纪录还快了大约两个钟头。

虽然费罗伦丝·棵德威克女士的成功离不开她高超的游泳技能,但从这个故事中,我们可以看到目标对她来说有多么重要,前一次的失败是因为她没有看到自己的目标,而后一次的成功是因为她看到了目标,所以,第二次她取得了惊人的成绩。

因此,在你的人生道路上,千万不要忽视目标的重要性。目标对我们的作用就像空气对于生命一样,目标对于成功也有绝对的必要。如果没有空气,没有人能够生存;如果没有目标,那么人也很难取得成功。

心灵悄悄话

在任何一个领域中,取得比较大的成功的人,他们的行为几乎都是指向于自己设定的目标。有了目标,内心的力量才会找到方向,茫无目标的飘荡终归会迷路。

第二篇

立即行动　完美执行

青春不留白，奋斗当为先，青春是太阳，要不断地散发光和热，青春是奋斗的代名词，激情的化身，青春是在不停地奋斗中燃烧的，奋斗不止，燃烧不尽。只有这样，我们的青春才有意义，我们的青春才是彩色的，才是没有遗憾的！

人们习惯于做事总往后拖延一步，总愿意在行动之前先要让自己享受一下最后的安逸。只是在休息之后又想继续享受，这样直到期限已满行动也还未开始。

事实就是，拖延直接导致行动的失败。

不做理想的巨人行动的矮子

想到不如做到

有位朋友向我讲述他第一次去美国的自助餐厅吃东西的故事。他一个人坐在空桌上等人给他下菜单,过了很长时间都没有人理会他。最后,一位端了一大盘食物的女士坐到他的对面,告诉他自助餐厅是怎样运作的。

"从那头开始,"女士说,"沿着这条路,拿你想吃的食物。在另外一头,服务员会告诉你应该付多少钱。"

"我突然明白了在美国生活是怎么回事了,"朋友告诉我,"就像自助餐厅,只要你能付得起,就可以拿任何你想要的东西。但是如果坐在那儿等着别人将东西拿给你,那你永远都不会得到。你必须自己行动起来,去争取一切。"

行动能证明一切,不管真理还是谬误。事物的变化和发展必须依靠不断的行动,最后完成由量变到质变的过程。有了改变自己、追求成功的想法之后,行动,行动,再行动,才能让我们走向成功。

有位年轻人询问世界闻名的雄辩家:"这世上最为厉害的辩论技巧是什么?"

他回答说:**"最高明的雄辩之术有三点:第一是行动;第二还是行动;第三仍然是行动。"**

任何华丽的辞藻都比不上简单的行动更能说服人。一旦事实摆在眼前,不用再多费一言一语。

我们每个人在头脑中都不止一次地想象自己能成功。每个人都有很多美好的愿望,甚至还计划着依靠自己的力量去实现这些愿望。但是因为种种原因,只是让自己的想法和愿望在头脑中飞奔,在心底沸腾。当热情褪去,我们还是停留在原地不动。这样,我们永远不会成功,永远无法实现自己的愿望。

行动是达到成功的唯一途径,任何完美的计划如果不能勇敢地实践和行动,还是等于零。虽然有时候我们的条件并不成熟,道路中的苦难远比我们想象得多,可是一旦付出行动,我们就已经在成功的路上。行动能让我们领先,即使没有太多优势,但是行动的那一刻,我们已经领先。

有人说,当对一件事情有 20% 的把握的时候,就请行动起来,马上去做。如果再畏首畏尾等待所有条件都成熟的时候,机会已经溜走了。有位朋友 3 年前告诉我想买房子,可是他觉得当时房价太高,于是迟迟没有做决定,一直处在观望之中。转眼 3 年过去,房价涨了一倍,每每说起买房的事,他总是一脸的惋惜和无奈。

有些人总想着当事情有 100% 把握的时候再行动,但是漫长的等待却让这些事情最终没能完成。即使是一件小小的事情,等所有条件都具备的时候再行动,我们回头发现这件事情实际所花费的时间,要比计划的多很多,更可惜的是我们浪费了更多的机会。

正因为等待完美,很多人终其一生也没能干成一件自己想做的事情。永远都是在等待,在等待中老去。而那些想到好主意就马上行动的人,往往能成功,是行动改变了他们的现状。

汤姆是一名 30 多岁的普通员工,收入不高,勉强养活太太和孩子,生活的重担让他生活得并不轻松。他每天努力地工作,却舍不得吃一顿像样的中饭。

他们全家住在一间小小的公寓里,每天都渴望着拥有一套自己的新房子:有较大的空间,比较干净的环境,小孩能有地方玩耍,而这房子就是他们的一份产业。

可是买房子对于收入不高的汤姆来说太不容易了,仅仅一笔数目不小的首付款就让他一筹莫展。

当汤姆付下个月房租的时候,心中总是很不痛快,因为每月房租和新房的分期付款差不多。于是汤姆有了一个主意,他对太太说:"下个礼拜我们去买一套新房子,你看怎么样?"

"你是在开玩笑吗,我们哪有能力,连首付款都付不起。"妻子尖叫着,不知道为何丈夫会有这么奇怪的想法。

但是汤姆已经下定了决心,他说:"在这个城市,跟我们一样想买新房的夫妇大约有几十万。其中有一半,只有一半能如愿。一定是什么事情让他们打消了这个念头。我们只有行动起来,才知道怎么去做。虽然我现在还不知道怎么凑钱,可是一定能想出办法。"妻子听着丈夫如此坚决,就不再出声。

说干就干,一个礼拜之后,汤姆真的找到了一套非常喜欢的房子,虽然不大但是足够居住了。可是这房子首付就是 10 万美元。于是接下来的日子他为了这笔钱到处奔走。他的朋友、同学、亲人、同事,他没有遗漏一个能借钱给自己的人,结果只凑齐了 8 万美元。

一切可能都因为首付款的问题而被搁置,他突然又有了一个灵感,他想找开发商洽谈,向他们借款。

当销售人员第一次听了他的想法,非常吃惊。因为之前从没有人提出过这样的要求。经过一再沟通,开发商竟然真的同意贷给汤姆 2 万元借款,以每月 2 千元的方式偿还。

就这样,首付款终于有了,他们终于可以住进自己的房子。可是每月的分期付款也是一个难题。汤姆的薪水捉襟见肘。为了还得起分期付款,他向老板要求加薪水。他对老板说明了自己的境遇,并保证公司的事他会在周末做得更好。老板被他的诚恳和坚定感动,于是也答应让他周末加班,并付给他一份额外的工资。一切似乎都很顺利,汤姆过了不久就搬进了新家,看着宽敞和明亮的新房,夫妻俩相视而笑。

行动高于一切

如果想完成一件事情,我们都得立刻动手去做,空谈无济于事。**每个人都会有自己的理想和目标。但是我们很多人都只是想一想,并没有付诸行动,那么一切都无法实现,没有任何意义。一个人的一生中,行动决定一切,**

行动高于一切。

乔格尔家拥有着大量的土地，在乔格尔16岁的时候，他的父亲去世了，管理家产、经营家产的重担就落在了乔格尔的肩上。乔格尔在18岁的时候，他开始按照自己的想法对家园进行了大规模的改造，结果取得了很大的成就。

那时的农业极为落后，广阔的田地还没有圈起来，农夫也不知道如何灌溉和开垦土地。农夫们工作虽然很辛苦，但是生活依旧十分贫困，他们连一匹马都养不起。

在乔格尔的家乡，当时连一条像样的路也没有，更不用说有什么桥了。那些买卖牲口的商人要到南边去，只得和他们的牲口一起游过河。一条高耸入云的布满岩石的羊肠小道挂在海拔数米高的山上，这就是这个村庄通往外界的主要通道。

农夫要进出村子都非常困难，更不用说和外界进行贸易了。乔格尔意识到，要想生活有所改变，就得先改变环境。他决心要为村子修建一条方便快捷的道路。当老人们知道了这个年轻人的想法后，都嘲笑他异想天开，不知道天高地厚。几乎没有人支持他，也没有人相信他能修出一条路来。

乔格尔没有因为别人的意见而放弃，他召集了大约2000名的劳工，在一个夏日的清晨，他就和劳工们一起出发，他以自己的实际行动鼓舞着大家。经过了长达两年的艰苦劳动，以前一条仅有6英里长的充满危险的小道变成了连马车都能顺利通行的大路。

村子里的人看着眼前的大路，不得不为自己的无知而羞愧，也为年轻人的毅力和能力所折服。乔格尔没有就此停止自己的行动，他后来修建了更多的道路，还建起了厂房，架起了桥梁，把荒地圈起来加以改良、耕种。他还引进了改良耕种的技术，实行轮作制，鼓励开办实业。大家都很奇怪这个年轻人永远有着别人想不到的主意。

过了几年，在乔格尔的带领下，这个曾经一度很贫穷的小村庄变成了这一带有名的模范村。原本吃饭都成问题的农夫，成为拥有一定产业的"有钱人"。乔格尔也成为大家敬佩的带头人，他不甘于安逸享乐的生活，致力于开创性的事业，后来成为英国议会议员，在这个重要的岗位上发挥了自己的作用。

事实上,我们不是缺少成功的欲望,而成功最大的障碍来自一个人的惰性。如果我们能积极行动,克服惰性,总能得到梦想的东西。**一个人即使有了创造力,有了智慧和才华,拥有了财富和人脉,并且有详细的计划,如果不懂得去使用这些资源,不愿意或者不敢采取行动,那么这一切都只能说是对这一潜能的最大浪费。**

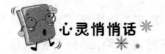心灵悄悄话

　　有好主意就马上行动,成功总是躲在困难之后,我们要做的就是用力去拨开成功道路上的荆棘。不要害怕已知和未知的困难。要相信自己总能想出解决的办法。如果自己去做了,一定会有所收获,如果能解决问题和克服困难,一定能得到我们想要的。

痴人说梦终究一无所有

有人说:"执行才是促成一个战略获得成功的真正关键因素。"培根也曾说过:"好的思想,尽管得到上帝赞赏,然而若不付诸行动,无异于痴人说梦。"世界上的所有发明,都是在大胆地想象之后付诸行动而来的。张衡的地动仪,是在当时人们都嘲笑他,认为绝对不可能的情况下发明而成;哥白尼的"日心说",若没有日复一日地观测记录行动,也无法创立。由此我们可以看出行动的重要性:只有行动,才能出结果。

有个农夫新购置了一块农田,可他发现在农田的中央有一块大石头。"为什么不铲除它呢?"农夫问。"哦,它太大了。"卖主为难地回答说。农夫二话没说,立即找来一根铁棍,撬开石头的一端,意外地发现这块石头的厚度还不及一尺,农夫只花了一点点时间,就将石头搬离了农田。

也许,在一开始的时候,你会觉得坚持"马上行动"这种态度很不容易,但最终你会发现这种态度会成为你个人价值的一部分。而当你体验到他人的肯定给你的工作和生活所带来的帮助时,你就会一如既往地运用这种态度。

成功者知道执行就是一切,他们总有一种紧迫感,希望立刻把事情做好,这样的员工值得老板信任;而散漫者却任由时间流逝,不知不觉地进行着"慢性自杀",这样的人当然不能成功。下面这个故事足以向我们证明没有紧迫感的可怕。

把青蛙直接扔进沸腾的水中,青蛙的神经刺激反应很快,它会马上跳出来。反过来,如果把青蛙先放进温水中,再给水逐渐加热,直到沸腾为止,青蛙则会被活活烫死。水温过高,为了保全性命,青蛙会毫不犹豫地立刻跳出，所以青蛙在第一种情形下可能逃生。

但是，如果一开始把青蛙泡在温水中，它会忘乎所以地在水里游来游去，根本察觉不到水温在变化，神经系统反应也不灵敏，等发现异常时，已经奄奄一息，没有跳离沸水的力量了，只能坐以待毙。

这种情形也可能发生在人身上，很少有人能抵抗舒适环境的诱惑。当毫无紧迫感成为一种习惯，你将陷入水深火热之中。

忙碌的人不肯拖延，他们觉得生活正如莱特所形容的那样："骑着一辆脚踏车，不是保持平衡向前进，就是翻覆在地。"效率高的人往往有限时完成工作的观念，他们确定做每件事所需的时间，并且强迫自己在预期内完成。即使你的工作并没有严格的时间限制，也应该经常这样训练自己。当你发现自己能在短时间内做更多的事时，一定会惊讶不已的！

如果你希望一件事能快速而圆满地完成，那么请交给那些勤奋而忙碌的人吧，那些懒散的人精于滥竽充数和偷工减料。大多数人并不了解自己处理事情的真正能力。他们不肯迎接每天的挑战，来激发自己最大的潜能。人们都知道，面对一件自己感兴趣的事情，无论多么繁忙都能腾出时间去做。但是，面对那些无趣的工作，我们总是轻易推脱，甚至有意无意地遗忘。

人生要想成功，就要一点一滴地奠定基础。先给自己设定一个切实可行的目标，确实达到之后，再迈向更高的目标，但关键是应该立刻动手去做。

如果你真的想要做到立即执行，就应该牢记以下两条：

一条是做任何事情都没有万事俱备的时候。"万事俱备"固然可以降低你的出错率，但致命的是，它会让你失去成功的机遇。期盼"万事俱备"后再行动，你的工作也许永远都没有开始。从某种意义上说，"万事俱备"只不过是"永远不可能做到"的代名词。

很多时候，你若立即进入工作的主题，便会惊讶地发现，如果拿浪费在"万事俱备"上的时间和潜力处理手中的工作，往往会绰绰有余。而且，许多事情你若立即动手去做，就会体会到其中的快乐。一旦延迟，愚蠢地去满足"万事俱备"这一先行条件，不但辛苦加倍，还会增加成功的难度。

有人讥讽地评判，说做事奢求"万事俱备"的人，是最容易被失败俘虏的人。你若希望自己能以"积极者"的形象在老板心中生根发芽，那么请赶快鞭策自己，摆脱"万事俱备"的桎梏，立即行动吧。只有"立即行动"，才能把

你从"万事俱备"的陷阱中拯救出来。

　　另一条是最理想的任务完成期是昨天。成功的人士都会谨记工作期限，并清晰地明白，在所有老板的心目中，最理想的任务完成日期是昨天。这一看似荒谬的要求，却是保持恒久竞争力不可或缺的因素，也是唯一不会过时的东西。

　　在实现目标的过程中，执行首先是第一位。第二，你要问清楚要你做事，可以提供的支持是什么。第三是你不管做成怎么样，必须把结果反馈回来。这点很重要，因为一个领导层，他的决策对不对，是经过实践来检验的。所以不管完不完得成，你也行动。

　　这个社会上的大多数成功者，他们之所以成功，不是因为他们有多少新奇的想法，而是因为他们自觉不自觉地进行着一项最有效的活动——执行，他们都有一个最大的特点："无知者无畏！"

　　看看那些当街叫卖的小摊小贩们，他们是优秀的执行者；看看街边小店忙里忙外吆喝的小伙计们，他们也是优秀的执行者；看看那些装修公司的项目经理们，每天跑十多个工地，与十多个客户洽谈，还要去分散在各处的装饰市场购买材料，他们是什么样的人？毫无疑问，他们具有最优秀的执行力。

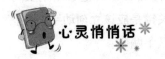
心灵悄悄话

　　做一个敢于行动、善于行动的人，把眼光放在最终目标上，清楚在自己前进的道路上该做什么，不该做什么，然后把自己一腔的热情和活力投入其中。行动高于一切，希望什么就主动去争取，只要不断地行动，就不会失败。

梦想付诸行动才会成功

多一些行动,多一点成功

阿春和阿来是高中同学,高考的成绩也不相上下,同时考入了某大学。但就在收到录取通知书的同时,阿春的母亲突患急症入院急救,经诊断为脑溢血,因抢救及时无生命危险,但却从此成了植物人。这无疑给那个本不宽裕的家庭造成了重创,望着愁眉不展的白发老父和躺在特护间里的老母,阿春决定放弃学业,以帮老父维持这个家的生计。为了偿还给母亲治病欠下的债,他决定出去打工。

在建筑工地上,阿春起初是个苦力工,由于有些文化底子,经理有意要阿春到后勤去搞搞预算什么的,但后勤是固定工资,收入稳定但不高,阿春就请经理给他安排在一些赚钱多的岗位。在工作期间,阿春边干边学,不耻下问,很勤快,对任何不懂的东西都向有关的师傅请教。在实践中虚心学习,阿春在一年多的时间里掌握了几种主要建筑工程必备的技术。但这只是实际操作知识,阿春又利用有限的休息时间,购置了些建筑设计、识图、间架结构等有关书籍资料,开始在蚊子叮、灯光暗的工棚里学习。

偶尔与阿来通信,他在信里给阿春描述大学的生活如何丰富多彩。信上说,大学里可以和同学处对象、进舞厅,同学们可以到校外去聚餐野游喝酒。阿春写信说自己打工的条件很苦,没有机会上大学了,劝阿来要珍惜那里优越的学习机会和条件。阿来回信说在大学里学习一点都不紧张,学得只要别太差,一样会拿到毕业证的。

第二年,阿春基本掌握了基建的各种操作技术和原理,渐渐由技术员提升为副经理。由于阿春好学肯干的精神以及扎实的功底,公司试着给阿春一些小项目让其独立去完成。由于措施得当和管理到位,阿春的每个项目都完成得非常出色。在这期间,阿春仍没放弃学习,自修了哈佛管理学中的系列教程,还选学了一些和建筑有关的学科,准备参加自考,完善自我。

第三年,公司成立分公司,在竞选经理时,阿春以优秀的成绩竞选成功,他准备在这个行业中一展宏图、建功立业。

同年六月,上大学的阿来毕业了,由于平时学习不太刻苦,有几科考得很不理想,勉强拿到毕业证。因此在很多用人单位选聘时都落选,只有一家小公司看他,决定试用半年。由于刚毕业且在实习期,工资和待遇不高,工作条件不理想,阿来很恼火。由于他学习成绩不佳,且在工作中态度不端正,双方均不满意,只好握手言别,阿来失业了。

此时的阿春已是拥有近千人的工程公司的经理,仍在远程教育网上进修和业务相关的课程。阿来找到阿春说自己要给阿春做个助手:"朋友嘛,总有个照顾。"阿春说:"来干可以,我这里同样也只问效益和贡献,没有朋友和照顾。要拿得出真才实学,到哪儿都会得到承认,光靠朋友和照顾,那是对你也是对我公司的失职,那永远是靠不住的。"

实力的强弱并不能决定能力的高低和成功与否。学习中,资质平庸的人只要用心专一,假以时日,必有所成。相反,天资聪颖的人如果心浮气躁,用心不专,只会辜负上天的厚爱,一事无成。

行动改变命运

当我们开始踏上人生的社会旅程,其间必然会面对各种各样的挫折。不要害怕碰壁和挫折,它会教给我们重要的课程。因为每天都做着同样的事情,直到意外的挫折才会让我们清醒。多数人在遭受挫折以后会幡然醒悟,挫折激发潜力,让我们有足够的理由去改变、去行动。

就拿健康来说,在身体无恙的时候,我们不会去注意饮食和运动。当疾病缠身,医生严肃地告诉我们说:"你如果再不改变以前的生活方式,你就死定了!"突然间我们就有了改变的动机与毅力。

在事业的低谷,公司经营不善的时候,才会去尝试新的观念,做出艰难的抉择。只有在行动受挫的时候,我们才会学习人生的重要一课。如果我们回想一下自己一生中最大的决定是怎么产生的? 多半是在碰壁受挫的时候,那时我们告诉自己:我过够了被人踢来踢去的生活,一定要出人头地,就这样我们便满怀希望地开始了改变的行动。

成功得意的时候大肆庆祝,很少有人能从中体会意义。在成功的喜悦中,根本体会不到失败的意义,更多的人会就此满足。每个人都有惰性,如果不是环境逼迫,多半都会安于现状,不求改变。

玛丽被男友抛弃了,伤心欲绝的她在家里待了一个星期。后来渐渐和老朋友联系,结交了许多新朋友。不久,她搬了新家,还换了新工作,比起半年前,似乎更加快乐和自信了。

杰克被公司解雇了,暂时也找不到什么好工作,于是用自己的积蓄做起了一点小生意。这是他平生第一次给自己打工。虽然他仍然需要面对各种问题,但是生活却变得更有意义和更有挑战性。

人生中的每一个挫折和意外,就如同是上帝给我们的一次警告,如果我们置之不理,困难还会继续造访,最后我们会明白,每一次行动让我们成长,如果拒绝改变,才会痛苦不堪。当我们开始新的行动,一切就会变得不同。

心灵悄悄话

> 学习的机会无所不在,各种环境与机构处处都有学习的机会。学校教育仅仅提供学习机会的一部分,学习场所更不是只有学校而已。生活所处的家庭、社区、社团、企业等各种各样的环境与机构都是终身学习机会的一环。记住:世上无难事,只怕有心人。

让自己即刻行动起来

英国前首相丘吉尔,为了提高政府的工作效率,给那些行动迟缓的官员们的手杖上都贴上一张纸条,上面写着"即刻行动起来"。结果,官员们一改拖沓的习惯,按时完成每天的工作,并且有条不紊。

正如《堂·吉诃德》的作者塞万提斯所说:"取道于'等一等'之路,走进去的只能是'永不'之室。"

在时间面前,一切都显得那么的脆弱。如果你没有利用人生的黄金时间,好好干出一番事业,恐怕,有一天也会感叹年华易逝。

国内著名企业海尔集团的老板张瑞敏积极创造企业文化,海尔文化里就有一条"日事日毕、日清日高",要求员工当日事情当日完成,并要每天都有所提高。正是在这样的企业文化促进下,海尔产品在国内外的市场份额才不断扩大,成为国际市场认可的中国第一品牌。

美国有一位推销员,名叫克里蒙,由于家里很穷,他十几岁就出来推销保险。克里蒙始终记得他第一次推销保险的情形,那天,他去一栋大楼寻找客户,站在大楼外的人行道上,他一面全身发抖,一面默念着自己的座右铭:"如果你做了,没有损失,还可能有大收获,那就下手去做。马上就做!"

于是他走进了大楼,尽管很害怕会被人踢出来,但这种事情没有发生。他每走进一间办公室前,脑海里都想着那句话:"马上就做!"虽然每次他都担心会碰到钉子,但还是强迫自己走进下一间办公室。

第一天,克里蒙卖出了两份保险。虽然不算太成功,但在了解自己的性格和工作方式方面,他的确收获颇丰。第二天,他卖出了四份保险,第三天增加到六份……他的事业开始了。

克里蒙找到了一个克服心理障碍的秘诀,那就是,立刻冲进下一间办公室！只有这样做，才没有时间感到害怕、犹豫。

"即刻行动起来"，这是任何员工做出好成绩的必备条件，也是员工自我管理的重要原则。管理大师李·艾柯卡刚进入职场时，就很好地贯彻了这一原则。

李·艾柯卡于1924年生于一个意大利移民家庭。受他那位雄心勃勃的小店主父亲的影响，艾柯卡很喜欢汽车，立志长大后到汽车行业工作。艾柯卡后来说："那汽车真叫人心痒难搔，看上一眼，嗅嗅车座上的皮革味儿，就足以使我想到福特干上一辈子了。"1946年，获得普林斯顿大学硕士学位的艾柯卡最终如愿进入了福特汽车公司。

和所有新职员一样，艾柯卡被安排在工程师训练班。艾柯卡在这里工作了一段时间，主要任务是改进离合器。但不久艾柯卡就发现，设计工作根本无法实现他的抱负。当时"二战"刚结束不久，汽车业呈现出一派兴旺景象，汽车公司如雨后春笋一般涌现。艾柯卡判断，福特公司的当务之急在于销售和赢得顾客，而要想实现自己的抱负，在1959年之前获得足够的经验和资历，就必须离开他的设计本行，从基层的推销员做起——这是通往成功道路的一条捷径。

然而，艾柯卡下定决心后，又不免为自己担忧起来。从小他就是个稳重、勤勉但又比较害羞的孩子。关于这一点，传记作家雷雨肖·阿尔杰曾在专栏中写道："小朋友们在窗外喊：'李，李，快出来！'然而艾柯卡全不理会。被叫得实在没办法时，他只好站起来大声说：'你们先玩吧，我再学习一会儿！'艾柯卡当年的老师也回忆说：'（艾柯卡）美中不足的是有点儿胆小，过于谨慎。'"

不管怎样，艾柯卡都决定立即按照自己的想法去做。于是他果断地退出设计部门，开始了自己的汽车推销生涯，每天与汽车采购人员和汽车经销商打交道。他为这些难缠的主顾详细解释新车的生产情形，解答质量与价格方面的问题。在长达十几年的推销生涯中，他勤勉地锻炼自己的口才，翻阅销售记录，在此基础上研究、推敲销售策略，了解市场和客户心理，推测下一步的市场动向。渐渐地，他成为一名经验丰富的汽车推销员，工作干得十分出色。

1960年11月，31岁的艾柯卡成为福特的总经理兼副总裁。

对于艾柯卡而言,这当然不过是一个开始。他后来传奇般的经历至今仍为人津津乐道,成为全球商业界的不朽传奇。

艾柯卡在确立了自己的目标后,没有等待,而是马上着手去做。在从事汽车推销工作的十几年中,艾柯卡几乎每天都面临挑战。除了与客户大量交涉外,还必须与自己害羞的天性作斗争。每次当他拿起电话时,心里总是七上八下。艾柯卡后来回忆说:"每次打电话前,我都要一遍又一遍地练习,心里打好腹稿,总怕遭到对方的回绝。"但是,他通过果断的行动,克服了自己害羞、谨慎的天性,最终实现了自己的宏愿。

你也一样,不要再让自己沉迷于无济于事的幻想之中,即刻行动起来吧!

抓住时机,立即行动

最大的浪费就是机遇的浪费,最大的成本就是失去机遇的成本,最大的能力就是把握机遇的能力。这些都是历史的经验。"机不可失,时不再来",有的人就是看不到现在的机遇,有的人甚至是不敢相信摆在眼前的机遇,而更多的人虽然看到了机遇,却缺乏把握这个机遇的勇气、缺乏抢抓机遇的能力,这必然会导致不推不动、消极怠工,被动执行。

所以,要提升执行力就要解决一个机遇意识、拼命前行的问题,只有做到了"抢抓机遇",我们的执行力才能找到源自内在的不竭动力。

一、学习机遇

在充满机遇和挑战的 21 世纪,一个人想要在发展社会主义市场经济、全面建设小康社会的实践中有立足之地,有所作为,就必须不断加强学习,不断更新知识。

机会有的时候是需要等待的,而在等待机遇的时间里,最好的办法就是让自己快速提高,在学习中等待机遇。学习是一种机遇,每天都在学习中生活着、生长着,生命伴随着学习,让学习成为一种生活方式。

二、致富机遇

没有人是由于财富供给方面存在限制而持续贫困,这个世界上的财富足以供应所有人；也没有任何人的贫困是由于其他某些人垄断了这个世界的财富，并在这些财富周围筑起了高墙。财富的规律公平地作用于所有人。事实上，可见的供给几乎不会枯竭，而不可见的供给更不会枯竭。因而，人类总能变得日益富有。如果一些人陷入贫穷，那是由于他们没有遵循已经让一些人富裕起来的特定途径。因此，致富机遇不仅至关重要，也是完全可以把握的。

三、晋升机会

天道酬勤，机遇总是偏爱有心人。不管你怎么优秀，消极坐等都不可能等来晋升机会！付出与奉献没有回报，并非你优秀的业绩与出众的才能不被看重，而是你那消极观望与无所谓的态度让上司误解了你：你很看重你现在的岗位不想晋升，或你不想承担更多的责任、接受更多的挑战。所以，你如果想升职，就必须让管理层知道，把你的目标和专长直截了当地告诉他们。

有位名人说过："自助，是成功的最好方法。" 职场中的行动底线是要做一个参与者而不是旁观者。为了你自己的职场利益，不要只是观望着别人进步，马上采取积极行动吧！不要畏首畏尾，专心致志、锐意进取，这是打开成功之门的金钥匙。

心灵悄悄话

我们梦想的实现来源于行动。多一点行动离成功的距离就缩短了一步。在我们有想法时，不要只停留在空想。赶紧付诸行动，放下所有的思想包袱，大胆尝试。

行动了才会有结果

没有行动，任何理想都不会实现

克雷洛夫说："现实是此岸，理想是彼岸，中间隔着湍急的河流，行动则是架在川上的桥梁。"

人都是有理想的，理想的好处是能增加人对生活的热情，使我们在接受考验的时候，能为了理想而勇敢地面对。然而，除非我们以理想为基础，然后付诸行动，否则，任何美好的理想都是难以实现的。

有个落魄的中年人每隔三两天就到教堂祈祷，而且他的祷告词几乎每次都相同。

"上帝啊，请念在我多年来敬畏您的份上，让我中一次彩票吧！阿门！"

几天后，他又垂头丧气地来到教堂，同样跪着祈祷："上帝啊，为何不让我中彩票？我愿意更谦卑地来服侍您，求您让我中一次彩票吧！阿门！"

又过了几天，他再次出现在教堂，同样重复他的祈祷。如此周而复始，不间断地祈求着。

终于有一次，他跪着说："我的上帝，为何您不垂听我的祈求？让我中彩票吧！只要一次，让我解决所有困难，我愿终身奉献，专心侍奉您……"

就在这时，圣坛上空传来一阵宏伟庄严的声音："我一直垂听你的祷告。可是，最起码，你老兄也该先去买一张彩票吧！"

故事听起来似乎有些可笑，可笑过之后却不得不令人反思，生活中渴望天上掉馅饼这种荒唐事的人并不少见。这些人沉湎于梦想之中,希望有一天梦想能变成现实。**但事实上,这些人永远不会实现梦想,原因很简单,光想不做只能是空想,只有行动才能梦想成真。**

梦想就等着你跨出第一步

一个人要做一件事,常常缺乏开始做的勇气。但是,如果你鼓足勇气开始做了,就会发现做一件事最大的障碍往往是来自自己的内心,更主要的是缺乏行动的勇气,有了勇气下决心开了头,似乎再往下做就会是顺理成章的事情了。

迈克尔·戴尔总喜欢这样说:"如果你认为自己的主意很好,就去试一试!"29 岁的戴尔正是因此成为企业巨子的。他如今是美国第四大个人电脑生产商,也是《财富》杂志所列 500 家大公司的首脑中最年轻的一个。戴尔是在得克萨斯州的休斯敦市长大的,有一兄一弟,父亲亚历山大是一位畸齿矫正医生,母亲罗兰是证券经纪人。三个孩子当中,戴尔在少年时期就已显出勤奋好学、干劲十足的优势。有一次,一位女推销员上门,说要和迈克尔·戴尔先生面谈他申请中学同等学历证书的事情。于是,当时才 8 岁的戴尔就向她解释说,他认为尽早把中学文凭解决掉可能是个好主意。几年后,戴尔有了另一个好主意:在集邮杂志上刊登广告,出售邮票。后来,他用赚来的 2000 美元买了他的第一台个人电脑。他把电脑拆开,研究它怎样运作。

戴尔读高中时,找到了一份为报纸征集新订户的工作。他推想新婚的人最有可能成为订户,于是雇请朋友为他抄录新近结婚的人的姓名和地址。他将这些资料输入电脑,然后向每一对新婚夫妻发出一封有私人签名的信,允诺赠阅报纸两星期。这次他赚了 1.8 万美元,买了一辆德国宝马牌汽车。汽车推销员看到这个 17 岁的年轻人竟然用现金付账,惊愕得瞠目结舌。

第二年,迈克尔·戴尔进了奥斯汀市的得克萨斯大学。像大多数大一学生那样,他需要自己想办法赚零用钱。那时候,大学里人人都谈论个人电脑,凡没有的人都想买一台,但由于售价太高,许多人买不起。一般人所想要的,是能满足他们的需要而又售价低廉的电脑,但市场上没有。戴尔心想:"经销商的经营成本并不高,为什么要让他们赚那么丰厚的利润? 为什么不由制造商直接卖给用户呢?"戴尔知道,IBM 公司规定经销商每月必须提取一定数额的个人电脑,而多数经销商都无法把货全部卖掉。他也知道,如果存货积压太多,经销商会损失很大。于是,他按成本价购得经销商的存货,然后在宿舍里加装配件,改进性能。这些经过改良的电脑十分受欢迎。戴尔发现市场的需求巨大,于是在当地刊登广告,以零售价的八五折推出他那些改装过的电脑。不久,许多商业机构、医生诊所和律师事务所都成了他的顾客。

有一次戴尔放假回家时,他的父母表示担心他的学习成绩。"如果你想创业,等你获得学位之后再说吧。"他父亲劝他说。戴尔当时答应了,可是一回到奥斯汀,他就觉得如果听父亲的话,就是在放弃一个一生难遇的机会。"我认为我绝不能错过这个机会。"一个月后,他又开始销售电脑,每月赚 5万多美元。

戴尔坦白地告诉父母:"我决定退学,自己开办公司。""你的目标到底是什么?"父亲问道。"和 IBM 竞争。"和 IBM 竞争? 他的父母大吃一惊,觉得他太好高骛远了。但无论他们怎样劝说,戴尔始终坚持己见。终于,他们达成了协议:他可以在暑假时试办一家电脑公司,如果办得不成功,到 9 月份他就要回学校去读书。

戴尔回奥斯汀后,拿出全部储蓄创办戴尔电脑公司,当时他 19 岁。他以每月续约一次的方式租了一个只有一间房的办事处,雇用了第一位雇员——一名 28 岁的经理,负责处理财务和行政工作。在广告方面,他在一只空盒子底上画了戴尔电脑公司第一个广告的草图。朋友按草图重绘后拿到报馆去刊登。

戴尔仍然专门直销经他改装的 IBM 个人电脑。第一个月营业额便达到18 万美元,第二个月 26.5 万美元,不到一年,他便每月售出个人电脑 1000台。积极推行直销、按客户的要求装配电脑、提供退货还钱以及对失灵电脑"保证翌日登门修理"的服务举措,为戴尔公司赢得了广阔的市场。戴尔电脑公司鼓励雇员提出新的主意。雇员提了一个主意之后,如果公司认为值得一试,那么,即使后来证明不可行,雇员也会获得奖赏。到了迈克尔·戴尔本应大学毕业的时候，他的公司每年营业额已达 7000 万美元。戴尔停止出售改装电脑，转为自行设计、生产和销售自己的电脑。

今天，戴尔电脑公司在全球多个国家设有附属公司，每年收入超过 600 亿美元，有雇员约 5 万名。戴尔个人的财产，估计在 200 亿美元以上。

万事开头难！要干成一件事情，人们总是觉得迈第一步困难重重，总是下不了决心。于是，便迟疑不决，犹豫不定，今日推明日，明日推后天，这样推来推去便延误了时间，也就推迟了成功之日的到来。

对于一个想干一点事情的人来说，这样迟迟不见行动是十分有害的，不仅不能实现自己确定的目标，而且会消磨意志，使自己逐渐丧失进取心。

"面对悬崖峭壁，一百年也看不出一条缝来。但用斧凿，能进一寸进一寸，能进一尺进一尺，不断积累，飞跃必来，突破随之。"

心灵悄悄话

> 人生目标确定容易实现难。但如果不去行动，那么连实现的可能也不会有。冥思苦想，谋划着自己如何有所成就，是不能代替身体力行去实践的，没有行动的人只是在做白日梦。积极地付诸行动，再难也会变得容易。

没有坚持到底的失败

把一件事坚持做下去

24 岁的约翰逊是一位平凡的美国人,他以母亲的家具做抵押,得到了 5 美元的贷款,开办了一家小小的出版公司。

他创办的第一本杂志是《黑人文摘》。为了扩大发行量,他有了一个非常大胆的想法:组织一系列以"假如我是黑人"为题的文章,请白人在写文章的时候把自己摆放在黑人的地位上,严肃地来看待这个问题。

他想,如果请罗斯福总统的夫人埃莉诺来写一篇这样的文章是最好不过了。于是,约翰逊便给罗斯福夫人写了一封请求信。

罗斯福夫人给约翰逊回了信,说她太忙,没有时间写。约翰逊见罗斯福夫人没有说自己不愿意写,就决定坚持下去,一定要请罗斯福夫人写一篇文章。

一个月后,约翰逊又给罗斯福夫人发去了一封信。夫人回信仍说太忙。此后,每过一个月,约翰逊就给罗斯福夫人写一封信。夫人也总是回信说连一分钟的空闲也没有。约翰逊依然坚持发信,他相信,只要他坚持下去,总有一天夫人是会有时间的。

一天,他在报上看到了罗斯福夫人在芝加哥发表谈话的消息。他决定再试一次。他打了一份电报给罗斯福夫人,问她是否愿意趁在芝加哥的时候为《黑人文摘》写那样一篇文章。

罗斯福夫人终于被约翰逊的坚韧感动了,寄来了文章。结果,《黑人文摘》的发行量在一个月之内由 5 万份增加到 15 万份。这次事件成为约翰逊事业的重要转折点。

后来,约翰逊的出版公司成为美国第二大的黑人企业。

做任何一件事,都要有始有终,坚持把它做完。不要轻易放弃,如果放弃了,你就永远没有成功的可能。如果遭受挫折时,你要反复告诉自己:把这件事坚持做下去。

不计较一时的得失

日本东京岛村产业公司及丸芳物产公司董事长岛村芳雄,不但创造了著名的"原价销售法",还利用这种方法,由一个一贫如洗的店员变成一位产业大亨。

岛村芳雄初到东京的时候,在一家包装材料厂当店员,薪金十分微薄,时常囊空如洗。由于没钱买东西,岛村下班后唯一的乐趣就是在街头闲逛,欣赏行人的服装和他们所提的东西。

有一天,岛村又像往常一样在街上漫无目的地溜达。无意中,他发现许多行人手中都提着一个纸袋,这些纸袋是买东西时商店给顾客装东西用的。一个念头在岛村的脑中闪现了,他认定这种纸袋一定会风行一时,做纸袋生意一定会大赚一笔。

考虑到自己一无经验,二无资金,岛村创造了一种新的销售方法,即"原价销售法",从而在激烈的商业竞争中站稳了脚跟,并为日后的发展打下了雄厚的基础。

所谓原价销售法,就是以一定的价格买进,然后以同样的价格卖出,在这个过程中,中间商没有赚一分钱。

岛村先往麻产地冈山的麻绳商场,以5角钱的价格大量买进45厘米规格的麻绳,然后按原价卖给东京一带的纸袋工厂。这种完全无利润的生意做了一年后,在东京一带的纸袋工厂中,人们都知道"岛村的绳索确实便宜",订货单也像雪片一样,从各地源源而来。

见时机成熟,岛村便开始着手实施自己的第二步行动。他先拿着购货收据,前去订货客户处诉苦:"你们看,到现在为止,我是一毛钱也没有赚你

们的。如果再让我这样继续为你们服务的话，我便只有破产的一条路可走了。"

交涉的结果是，客户为岛村的诚实和信誉所感动，心甘情愿地把交货价格由一条5角钱提高为5角5分钱。

接下来，岛村又与冈山麻绳厂商洽谈："您卖给我一条5角钱，我是一直按原价卖给别人，因此才得到现在这么多的订货。如果这种赔本生意让我继续做下去的话，我只有关门倒闭了。"

冈山的厂商一看岛村开给客户的收据存根，大吃了一惊。这样甘愿做不赚钱生意的人，他们还是生平第一次遇到。于是，这些厂商们没有多加考虑，就把价格由一条5角钱降低为4角5分。

如此一来，以当时一天1000万条的交货量来计算，岛村一天的利润就可以达到100万元。创业两年后，岛村就成为名满天下的人。

真正的智者，真正的有抱负、理想远大的人，不会计较一时的得失，他们往往把眼光投向更远处，看到自己此时的损失能够为未来带来的好处。

心灵悄悄话

我们应该在每个人的心里激起美好的理想，这种理想将成为每个人的指南针，成为指引他们前进的方向盘。一个没有目标的人就像一艘没有舵的船，永远漂流不定，最终搁浅在失望、失败和沮丧的浅滩。

活着要为梦想而奋斗

建造人间的伊甸园

1968 年的春天,罗伯·舒乐博士立志在加州用玻璃建造一座水晶大教堂。

他向著名的设计师菲利浦·约翰森表达了自己的构想:"我要的不是一座普通的教堂,我要在人间建造一座伊甸园。"

约翰森问他预算时,舒乐博士坚定而明快地说:"我现在一分钱也没有,然而 100 万美元与 400 万美元的预算对我来说没有区别。重要的是,这座教堂本身要具有足够的魅力来吸引捐款。"

教堂最终的预算为 700 万美元,700 万美元对当时的舒乐博士来说是个超出了能力范围、甚至超出了理解范围的数字。

当天夜里,舒乐博士拿出一页白纸,在最上面写上"700 万美元",然后又写下 10 行字:

1. 寻找 1 笔 700 万美元的捐款;

2. 寻找 7 笔 100 万美元的捐款;

3. 寻找 14 笔 50 万美元的捐款;

4. 寻找 28 笔 25 万美元的捐款;

5. 寻找 70 笔 10 万美元的捐款;

6. 寻找 100 笔 7 万美元的捐款;

7. 寻找 140 笔 5 万美元的捐款;

8. 寻找 280 笔 2.5 万美元的捐款;

9. 寻找 700 笔 1 万美元的捐款；

10. 卖掉 10 000 扇窗，每扇 700 美元。

60 天后，舒乐博士用水晶大教堂奇特而美妙的模型打动了富商约翰·可林，他捐出了第一笔 100 万美元。

第 65 天，一位倾听了舒乐博士演讲的农民夫妇，捐出了 1000 美元。

第 90 天，一位被舒乐孜孜以求精神所感动的陌生人，在生日的当天寄给舒乐博士一张 100 万美元的银行支票。

8 个月后，一名捐款者对舒乐博士说："如果你的诚意与努力能筹到 600 万美元，剩下的 100 万美元由我来支付。"

第二年，舒乐博士以每扇 500 美元的价格请求美国人，认购水晶大教堂的窗户，付款的办法为每月 50 美元，10 个月分期付清。6 个月内，1 万多扇窗户全部售出。

1980 年 9 月，历时 12 年，可容纳 1 万多人的水晶大教堂竣工，成为世界建筑史上的奇迹与经典，也成为世界各地前往加州的人必去观赏的胜景。

水晶大教堂最终的造价为 2000 万美元，全部是舒乐博士一点一滴筹集而来的。

人们常说，行动是最美的誓言。但行动往往需要一种内在的动力来支撑，这种内在的动力就是信心。面对困难，只要我们能够树立坚定的信心，再配合以积极的行动，心中的梦想就会变成现实。

用行动让自己变得不平凡

一位诗人说过："梦里走过许多路，醒来还是在床上。"他形象地告诉我们，只呐喊不冲锋的士兵不是好士兵，只瞄准不射击的猎人不是好猎人，老躺在摇篮里的婴儿永远站不起来，空谈是扼杀理想的屠刀，实干是孕育理想之花的雨露。理想难得，奋斗更加可贵。

"吃得苦中苦，方为人上人"，世上没有平坦的路，人间没有不谢的花。或许我们都是平凡得不能再平凡的人，或许比较于别人的困难，我们是幸运的，或许我们的生活是安定的，但我们决不应安于现状，我相信每一个人都是为了成为一个伟大的人而来到这个世界上的，所以，我们必须为梦想而奋斗。

一夜成功的梦好多人都做过，可是路是要一步一步地走，成功也要在点滴的行动中去追求。或许你曾为平凡而抱怨过，但是平凡的起点并不能成为你一生平庸的理由，也不能成为你没有出类拔萃的根据。因为梦开始的地方并不挑选枕头，生命开始的地方可以千姿百态，成功和财富开始的地方需要的只是耕耘。只要我们的行动不停止，我们就可以从平凡走向不凡。

1993 年，伯森·汉姆徒手攀登，登上纽约的帝国大厦，在创造了吉尼斯纪录的同时，也赢得了"蜘蛛人"称号。

美国恐高症康复联席会得知这一消息，致电"蜘蛛人"汉姆，打算聘请他做康复协会的心理顾问，因为在美国有 8 万多人患有恐高症。他们被这种疾病困扰着，有的甚至不敢站在一把椅子上更换一只灯泡。

伯森·汉姆接到聘书，打电话给联席会主席诺曼斯，让他查一查第 1042号会员。这位会员很快被查了出来，他的名字叫伯森·汉姆。原来他们要聘做顾问的这位"蜘蛛人"，本身就是一位恐高症患者。

诺曼斯对此大为惊讶。一个站在一楼阳台上都心跳加快的人，竟然能徒手攀上 400 多米高的大楼，这确实是个令人费解的谜，他决定亲自去拜访一下伯森·汉姆。

诺曼斯来到费城郊外的伯森住所。这儿正在举行一个庆祝会，十几名记者正围着一位老太太拍照采访。原来伯森·汉姆94 岁的曾祖母听说汉姆创造了吉尼斯纪录，特意从 100 公里外的蒽拉斯堡罗徒步赶来，她想以这一行动，为汉姆的纪录添彩。谁知这一异想天开的想法，无意间竟创造了一个耄耋老人徒步 100 公里的世界纪录。

《纽约时报》的一位记者问她，当你打算徒步而来的时候，你是否因年龄关系而动摇过？老太太精神矍铄地说，小伙子，打算一气跑 100 公里也许需要勇气，但是走路是不需要勇气的，只要你走一步，接着再走一步，一步一步，100 公里也就走完了。

恐高症康复联席会主席诺曼斯站在一旁，一下明白了伯森·汉姆登上帝国大厦的奥秘，原来他有向上攀登一步的勇气。在这个世界上，创造出奇

迹的人,凭借的都不是最初的那点勇气,但是只要把最初那点微不足道的勇气保持到底,任何人都会创造奇迹。

想要有所成就,就必须付诸行动,当我们一步步地挪动脚步不断前进时,我们就会发现成功已握在手中。虽然前进的过程中有过失败,但是,每一次的跌倒都将成为我们人生的宝贵经验,而且在每一次跌倒后爬起来的会是全新的你。

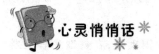 心灵悄悄话

只有行动才能使人更好。因此最聪明的做法就是向前,进而去实现自己所向往的目标,想做什么就去做,然后在行动中完善目标,发展自己。

第三篇

高效率才有高执行力

要提升执行力，就必须强化时间观念和效率意识，弘扬"立即行动、马上就办"的工作理念。每项工作都要立足一个"早"字，落实一个"快"字，抓紧时机、加快节奏、提升效率。做任何事都要有效地进行时间管理，时刻把握工作进度，做到争分夺秒，赶前不赶后，养成雷厉风行、干净利落的良好习惯。

只有时间观念强的人，才能真正将时间看作生命，才能感受到时间的珍贵，生命的可贵，才能真正体会到孔子"逝者如斯，不舍昼夜"的感慨和毛泽东"一万年太久，只争朝夕"的紧迫感。

惜时准时才会用时间

时间是一种珍贵且特殊的资源,是一切活动得以进行的前提条件。人人都是时间的消费者,无论你用还是不用,时间都照样流逝,一个人的人生价值也是在时间之流中得以实现并将在时间之流中得以流传。时间,已经不仅仅是一种物理概念,更是一种人生的修养与境界!

如果你的时间管理能力较强,你就会在期限到来之前采用系统的方法完成特定的任务。如果有人问你要花多长时间才能完成某个项目,你估计的时间有90%的准确度;你会按时完成所有的任务;你会准时出席会议,尽管遇到了交通阻塞;你会经常清理电子邮箱。如果你的时间管理能力比较弱,就会不知道繁忙的一天的中途是什么时候;就会等到会议快要开始的时候才仓促地完成报告;就不会有紧迫感。首先,将时钟调快些,这会增强你的时间意识。然后针对自己必须处理的事件或活动设立明确的提示,如借助闹钟或计算机的提醒功能,或请同事在特定的时间提醒你处理事情。

增强时间观念,关键在于驾驭好时间,做时间的主人。驾驭时间,就要增强对时间流逝的敏感和认识,从成人成才者的经历中获得启示和激励,就是要做到自律,更要掌握管理时间的原则方法。

一、增强对时间流逝的敏感和认识

我们为什么会轻易忽视时间的流逝呢?因为我们的目光往往只停留在眼前,或者今天。我们渴望一朝成名,一飞冲天,却常常失去信心和耐性去努力和积攒。我们总感觉每天所做的是那么的微不足道,就算是拼了老命,挣扎了相当长一段时间也没有多大的进展,得不到自己所期望的回报和肯定,于是再也耐不住枯燥和迷茫,沮丧而气馁。还因为时间对于我们而言,每一天都似乎没有任何区别,每一刻都似永恒;每一刻又是那么的空泛、缓慢、无端、茫然,甚至多余。沉浸在这样低等的觉悟里,一切必然是无聊而又无序的;只有娱乐最过瘾,游戏最痛快,恋爱最浪漫,粗野最解闷,睡觉最舒服……实际上,这均是胸无大志、精神空虚的反映,是无聊的人在无聊的生活中以无聊的方式在消遣和打发无聊的时光而已。这是最让人痛心疾首的!

人本主义心理学家马斯洛的需要层次理论,把人的需要分为七种,分别为:生理需要、安全需要、归属和爱的需要、尊重的需要、认识与理解的需要、审美的需要和自我实现的需要。前四种需要为缺失和生存需要,是一个人基本的需要,是低级需要,是与生俱来的,一般人在我们这样的社会将来都能够得到满足的;后三种需要是生长和发展需要,是一个人精神世界的需要,是高级的需要,是必须经过自己的努力,惜时奋进,向上向善才可能争取到的。

只有时间观念强的人,才能真正将时间看作生命,才能感受到时间的珍贵,生命的可贵,真情的可贵,缘分的可贵,每一段经历的可贵;才能对日影月色,对桃花流水,对春夏秋冬格外的敏感和惋惜;才能真正体会到孔子"逝者如斯,不舍昼夜"的感慨和毛泽东"一万年太久,只争朝夕"的紧迫感。

只有时间观念强的人,才能超越过去,放眼未来,把握当下;才能拥有鸿鹄之志,懂得滴水穿石、雪花断枝的历程和真谛;才有韬光养晦、集腋成裘的隐忍和坚毅,领悟到时间那平凡而又伟大的力量。

只有时间观念强的人,才会有积极主动的热情,做任何事都有前瞻意识,有目标、有计划,求真务实,讲究时间效率,重视单位时间内的智慧含量,敢于付出,肯于付出,深知冰冻三尺,非一日之寒,鹏飞万里非千丈之浪的道理。

只有时间观念强的人,才能做事认真,一丝不苟,恪守信诺,言出必践;进而人格独立,个性完善,获得社会的认可和肯定。

只有时间观念强的人,才能真正体会到每一天都是新的,每一件看似平常的事都有其深远的意义;才能内心踏实而愉悦,真正做到仁者不忧,勇者不惧,智者不惑;才会心存感恩,为生命中每一个人、每一件事而感动;为时间飞逝,而自己将碌碌无为而害怕;不断地警醒自我,激励自我,为自己最终能够有所作为而不懈努力。

二、从成才者的经历中获得启示和激励

鲁迅的成功,有一个重要的秘诀,就是珍惜时间。鲁迅12岁在绍兴城读私塾的时候,父亲正患着重病,两个弟弟年纪尚幼,鲁迅不仅经常上当铺,跑药店,还得帮助母亲做家务;为避免影响学业,他必须作好精确的时间安排。

此后,鲁迅几乎每天都在挤时间,他说:"**时间,就像海绵里的水,只要你挤,总是有的。**"他还有一句至理名言:"**时间就是生命,无端地空耗别人的时间,其实无异于谋财害命。**"鲁迅确实惜时如命,他把别人喝咖啡、谈天说地的时间都用在了工作和学习上。鲁迅还以各种形式来鞭策自己珍惜时间。他的卧室兼书房里,挂着一副对联,集录我国古代伟大诗人屈原的两句诗,上联是"望崦嵫而勿迫"(看见太阳落山了还不心里焦急),下联为"恐鹈鴂之先鸣"(怕的是一年又去,报春的杜鹃又早早啼叫)。

王亚南小时候胸有大志,酷爱读书。他在读中学时,为了争取更多的时间读书,特意把自己睡的木板床的一条腿锯短,成为三脚床。每天读到深夜,疲劳时上床去睡一觉后迷糊中一翻身,床向短脚方向倾斜过去,他一下子被惊醒过来,便立刻下床,伏案夜读。天天如此,从未间断,结果他年年都取得优异的成绩,被誉为班内的三杰之一。少年时的勤奋刻苦读书,使他后来成为我国杰出的经济学家。

三、重在自律

珍惜时间关键要学会自律,首先严于律己,才能成就大事。说实话,在国人心目中都会产生时间概念推移的现象,通知十点开会,十点半能来就不错了,事实上会议组织者也是等迟到的人都到齐了才开会,形成了不迟到的等迟到的现象。简而言之就是在助长和支持不遵守时间观念的人。如果在日常工作中坚持按时间点开会,对迟到者坚决不等,试问谁还会如此保持迟到作风呢?因此,要严格要求自己,要做一个有时间观念的人:工作中不得迟到早退,开会时要提前五分钟到场,领导交代任务要提前完成,朋友有约要提前到场……

四、解决时间问题的原则

一是合理制订计划。会不会利用时间,关键在于会不会制订完善的、合理的工作计划。有效计划并不是要企业员工将未来一天、一周或一个月的时间都填满。在内容上更侧重于什么时间需要做什么事情,哪些工作在这个时间段会是关键或重点,完成这项目标需要哪些工作的配合等。也就是根据需要制订相应计划,如日计划、周计划或是月计划等。

二是绑定重要事件。很多人都会使用备忘录,需要处理的事情太多时,适时及时地提醒就非常重要。但就工作事务来看,简单的提醒很多情况下并不能满足人们的需求。在跟进计划执行的过程中,我们同样需要获取来自现场的第一手信息。这些信息包括:项目进展汇报、参与人员变动、任务文档、计划修改等,你可以分清轻重缓急分别处理,从而提高可控力度。

三是应对意外事件。再周详的计划,也可能会有意外情况的发生,这些是在设定计划时所始料不及的。如何弥补? 这就需要根据我们对事件进行快速反应、及时部署。信息化管理的一个明显优势就是反应迅速,并可快速展开新的部署工作。应对意外事件,就是在第一时间获取信息的前提下,对事件提出新的解决方案。

五、解决时间问题的方法

如何解决时间问题,可以采取以下十三个方法。当然,这些方法只是抛砖引玉,是一种启发和参考而已。

一是每分每秒做最高生产力的事。将罗列的事情中没有任何意义的事情删除掉。

二是不要想成为完美主义者。不要追求完美,而要追求办事效果。

三是巧妙地拖延。如果一件事情,你不想做,可以将这件事情细分为很小的部分,只做其中一个小的部分就可以了,或者对其中最主要的部分最多花费 15 分钟时间去做。

四是学会说"不"。一旦确定了哪些事情是重要的,对那些不重要的事情就应当说"不"。

五是时间的管理最重要的在于能够集中自己的大的整块时间进行某些问题的处理。

六是有计划地使用时间。有的事情需要较长时间,有些事情可以顺带进行。

七是目标明确。目标要具体、具有可实现性。

八是将要做的事情根据优先程度分先后顺序。80% 的事情只需要 20% 的努力。而 20% 的事情是值得做的,应当享有优先权。因此要善于区分这 20% 的有价值的事情,然后根据价值大小,分配时间。

九是将一天从早到晚要做的事情进行排列。

十是每件事都有具体的时间结束点。控制好通电话的时间与聊天的时间。

十一是遵循你的生物钟。你办事效率最佳的时间是什么时候? 将优先办的事情放在最佳时间里。

十二是做好的事情要比把事情做好更重要。做好的事情,是有效果;把事情做好仅仅是有效率。首先考虑效果,然后才考虑效率。

十三是区分紧急事务与重要事务。紧急事务往往是短期性的,重要事务往往是长期性的。必须学会如何让重要的事情变得很紧急,是高效的开始。

　　我们要永不满足于现状,培养超前意识,并且克服迟疑不决的毛病。对那些拖延磨蹭、深受犹豫不决之苦的人们来说,唯一改正的办法就是作出果断的决定。否则,这一毛病将成为摧毁成功的致命武器。

提高执行力，用心去做事

用心做事的人，都是执行力很强的人。他们在对工作的热心上，不仅多一份热心，而且多一份细心，这就使他们多了一份机会，多了一份出色。

只有付出多少，才能得到多少。

净雅餐厅的服务是非常有名的，就连普通的员工都能把工作做到最好。

因为妻子怀孕，李先生想请朋友庆祝一下，于是特意到净雅餐厅预定了一个包间。

客人都到齐了，首先端上来的是一只用面粉制作的可爱的小老鼠。一开始，李先生还以为上错菜了，但服务员小胡却满脸笑容地说，这是她特意叮嘱厨房提前准备的，因为今年是鼠年，恭喜李先生夫妇得了一个鼠宝宝。

这让李先生夫妇非常开心，连连说谢谢。

在上菜的间隙，小胡又端上了几个果盘和餐点，里面有花生、大枣、莲子等。小胡解释说这是餐厅特意制作的，取"早生贵子"的谐音。

服务员的两次惊喜让李先生和朋友们乐得合不拢嘴，用完餐之后还特意跟值班经理致谢。

如果换了一般的服务员，可能最多饭后送一个果盘就觉得不错了，但小胡却非常用心，考虑得非常细致，用自己的热心，连连给顾客带去惊喜。像小胡这样的人，尽管只是一个基层的服务员，但处处却能够从客户的感受出发，一定可以获得更好的发展机会。

我们都希望做事能够出色，那么出色从哪里来？出色来自更高的要求，而落实到行动上，往往来自细心，每一个细节都考虑到了，自然就更出色。

我们来看看客户经理刘佳是怎么做的：

有一次，刘佳负责陪同某运营商的老总一行来公司考察，吃饭的时候，客户发现他对饭店周围的情况很熟悉，于是问他是不是经常到这里吃饭。但刘佳的回答却出乎所有人的意料，为了定这家饭店，他特意提前过来，对周边的路况和饭店的环境都进行了实地考察，觉得满意之后，才定下来的。刘佳的回答让客户感到非常开心。

在考察结束的前一天，刘佳在早餐时向大家提议说："今天是主任的生日，所以自己希望晚上的时候请大家一起为主任庆祝生日。"这让客户一听，既感动又很吃惊，不禁问他："我们只是第一次见面，你怎么知道今天是我的生日？"刘佳笑着回答说："我在换登机牌的时候，留意了一下每个人的身份证，所以知道今天是您的生日。"当天晚上，刘佳为客户精心准备了一个生日晚会。刘佳的细心，深深打动了客户，从那以后，这家运营商成为公司的忠实客户。

2006年，刘佳获得了公司市场部金牌"第一名"的称号。

可以说，这家营运商之所以能够成为公司的忠实客户，和刘佳的那份细心是分不开的。一般人接待客户吃饭，可能只会考虑饭店够不够档次，但刘佳考虑的不仅仅是环境好不好，服务到不到位，还考虑到了周边的情况，道路是不是通畅，路上会不会堵车？可别小看了这些因素，如果去吃一顿饭，路上得堵一个小时的车，可能就会大大影响客户的心情，甚至嘴上不说，心里说不定还会抱怨。做到这些是不是就够了呢？不止如此，刘佳还亲自提前去踩点，实地考察。这样的细心，怎么能让客户不感动？

另外，很多人也有过给客户换登机牌的经历，但又有几个人能像刘佳那样，留意每一位客户的身份证，注意别人的生日呢？不仅是对待客户，做所有的工作，都需要细心，会计不细心，多加了一个零，可能就会造成很大的损失；秘书不细心，一个重要的电话没有转达，可能就会失去一个客户。只有每一点工作都像刘佳那样细心，执行才会更为出色。

是的，很多时候，大家都在做同样的事情。自己想到的，别人也想到了，别人做的，自己也在做着。既然你和别人没有任何区别，机会又怎么有理由偏偏属于你？这时候，你如果能够更细心一点，就会获得别人想象不到的机会。

美联社的华裔记者黄幼公21岁时奉命到越南战场采访,和他同在现场的还有两名记者,其中一位还是非常著名的战地摄影师。

刚开始,他也和两名记者一样,不停地拍战斗机轰炸的场面。但很快,他就停了下来。因为他觉得大家都拍相同的画面,意义不大。于是他开始等待和寻找更好的时机。不一会,一大群逃难者迎面向他们跑来,其中有一个全身赤裸、惊恐万分的小女孩特别引人注目。黄幼公迅速按下了快门,而另外两个一直忙于拍摄的记者却因为胶卷用完了,不得不临时换上新的,结果失去了这个珍贵的机会。

凭借这张在战火中赤身奔跑的小女孩的照片,黄幼公获得了美国新闻最高奖"普利策奖"。

同样的职业,在相同的地点采访同样的事件、同样的人物,在外在条件相同的情况下,为什么唯有黄幼公捕捉到了最精彩的画面,拍出了与众不同、让人无法忘记的东西? 如果不是那份细心,或许再好的机会摆在面前,我们也不会发现,更不可能让自己在众人中显得那样出色。

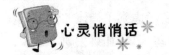

心灵悄悄话

如果你能充分地利用好零散的时间,那么你就能更好地把握整段的时间了。当你在这些隐藏的、短暂的时间里做了别人放弃的事情,你就比别人快了一步。人与人之间的差距,往往就是这样拉开的。

高效执行告别慵懒

告别慵懒，加快节奏

人性有很多弱点，贪图舒适就是其一。**在我们心灵深处的某个角落，潜藏着怕吃苦、怕麻烦、小富即安等比较消极的思想，表现在我们的工作中，就是慵懒散软现象**。这时更要加快自己的节奏，改变这个现状，让自己更有活力，更有激情。其实被动地完成自己应做的工作，也只能算是平庸的人。只有积极地研究和思考，在自己的岗位上有所创新、不断进步，才能提高执行力，从而不负人生应有的使命。

要治疗慵懒散软的毛病，就必须使用加快节奏这服特效药。这药分两剂，一剂内服，一剂外敷。两剂并用，才能收到最佳效果。其实，这就是执行力的问题。

所谓内服，就是通过学习，反思自己，强化自己，提高自己的责任意识和工作积极性。孔子的学生曾子说"吾日三省吾身"，曾子是深知自己身上的弱点的。天性的弱点不是罪恶，但是我们没有理由放纵自己的弱点。用理想信念武装自己的头脑，才能不断提高自己的思想素质。

所谓外敷，就是强化外部制约，给自己定下目标，并切实保证实施。换句话说，即知责奋进，增强自己的执行力，做有作为的执行者。倡树执行意识，弘扬快节奏，马上就办，办就办好。

"快"不是不假思索、盲目行事，而是科学决策、有作有为；不是嘴巴行千里、屁股在屋里、行动在云里，而是不说空话、多于实事。我们现在已经处于一个生活和工作节奏不断加快的社会，依靠现代科学技术，交通和通信系统

空前发达,缩短了人们相互之间的时空距离。信息社会,使知识和技术不再被少数人所垄断,学习成为人们参与竞争的重要手段。只要肯学习,人人都可以参与竞争并成为强者。在这个大的环境下,不加强学习,使自己主动参与竞争是不行的。而过度参与竞争,不科学安排好自己的生活、学习和工作,又会给自己的身心带来比较大的压力,形成健康问题。

因此,建议你根据自己的具体情况,科学安排自己每天的时间。把工作、学习和休息、娱乐的时间作一个比较合理的安排,形成一个书面计划,并严格执行这个计划;加强学习,培养适合自己的业余爱好,提高自己的竞争意识。

一般情况下,只要你在工作时间认真工作就行了,如非特殊情况,工作以外的时间应用来安排学习和娱乐,与家人和同事、朋友聚会、郊游、外出旅游等。这样可以使你既积极面对生活和工作,又不至于感觉到太多的压力。

需要说明的是,书面计划只是你对自己的一个约束而已,如果你已经形成了一个比较良好的习惯,就不再需要什么书面计划来约束自己了。

轻松又有效的执行

执行有时候很吃力,并不是因为事情本身有多难,而是执行者把大量的时间耗费在“推、拖、空”上。“推”即推诿,推卸责任;“拖”即做事拖沓;“空”即浮在表面,落不到实处。

要想让执行变得有效和轻松,就必须坚决拒绝“推、拖、空”的出现。

一、绝不推诿

很多人为什么喜欢推诿?原因无非是两条,一是嫌麻烦,二是怕承担责任。有了这样的心态,就算是自己职责范围内的事情都不愿意做,都恨不得把责任推给别人。而最好的执行者,绝不允许推诿,既然问题出现了,就一定要解决。

2008 年奥运会北京召开前夕,准备接待外国运动员的北京某酒店进行行业培训,该酒店的总经理在讲到如何将执行做到位时,谈到这样一件事:

几年前,他在一家酒店担任大堂经理。

有一天,他突然听到前台传来争吵的声音,于是马上走了过去。

原来是一位客人想要兑换外币,但是在签支票的时候,不小心名字写错了位置。按照规定,这样的支票没法兑现外币。

服务人员请他再重新签一张支票,这让客户很不高兴,因为他只带了一张支票,于是大声责怪服务员为什么不事先告诉他名字要写在哪里。

服务人员也觉得挺委屈,小声嘀咕说:"明明是你自己写错了,凭什么全怪在我头上。"

客人一听,火气更大了。大堂经理一看,连忙上去道歉,并且让客人先别着急,等他给银行打电话,看有没有什么办法可以解决。

于是他马上给银行打电话,几经周折,终于弄清楚了解决的方法并不难,客人不需要重新签支票,只要在正确的位置再写一下名字就可以了。

一听这么容易解决,加上看到他的态度那么好,客人火气一下子消了一大半,说:"太感谢你了,要不我就要拨打投诉电话了。"

就这样,一场风波被他化解了。

这位大堂经理现在已经发展为一家国际星级酒店的负责人,他总结这件事情时,说了这样一句话:"难是因为你不敢去面对。敢负责,就没有什么难事。"

客人的名字签错了位置,要是服务人员能主动打个电话,不就很轻松解决了吗?不就是一个电话的问题嘛!没什么难的。但为什么服务员却连这么简单的事情也做不到?就是推诿。出了问题,先把责任推到客人身上,同时也不去想办法解决。

属于自己职责范围之内的事情,就绝不要推诿。假如每个人都不愿意承担,把责任推给别人,那企业怎么发展,个人又哪来的机会?所以,从现在开始,绝不推诿。

二、绝不拖拉

拖拉是把现在就应该去完成的任务,推到以后,今天的事推到明天,明天的事再推到后天,推来推去就打了折扣,甚至没有了结果。

三、绝不空浮

中国共产党主要创立人之一李大钊有句名言:"凡事都要脚踏实地去

做,不弛于空想,不骛于虚声,而唯以求真的态度做踏实的工夫。以此态度求学,则真理可明,以此态度做事,则功业可就。"

当实际的效果与空名和好看的形象矛盾的时候,毫无疑问以实际的效果作为选择的基本依据,这样的做法,正是绝不空浮的表现,值得我们每个执行者好好学习。

 心灵悄悄话

> 想做什么就马上行动吧!其实一切并没有想象中那么难,只要有了第一步,就会有第二步、第三步……这样不断地做下去,你就会发现离目标越来越近,你的目标正在渐渐地化为现实。

眼尖手快不浪费每一秒的时间

成功的窍门在于出手要迅捷

出手迅捷的人往往能把握决定成败的关键时刻。就像俗话说的那样——趁热打铁、趁阳光灿烂的时候晒干草。往往就在几分钟之间，胜利与溃逃、成功与失败转手易人，其结局大相径庭。

在当代中国富翁的行列中，有一个从黑龙江生产建设兵团走出来的神奇人物——李晓华。他如今功成名就，拥有资产18亿，富甲一方。他成功的诀窍用他自己的话来说就是"超前行动，是我的最大诀窍"。

20世纪80年代初，一些个体户纷纷南下广州。在广州那著名的高地街，人们都把目光盯在T恤、牛仔等令人眼花缭乱的服装上，以便回到当地的市场上领导服装新潮，赚上一把。

然而第一次涉足高地街的李晓华，跟其他人都不一样，他在服装的大潮中看到了一个更具特色的东西——喷泉果汁制冷机！

这种机器不仅外形别开生面，而且功能十分奇特。当你喝上它流出的一杯果汁的时候，就会觉得冰凉、清新、沁人心脾。这么好的东西，广州能有，而当时的北方，虽然人口众多，但谁也没在市场上见过。

独具慧眼的李晓华，一眼就看中了它！

但是喷泉果汁制冷机身价很高——4000元！这个数字，几乎是李晓华第一次南下广州的全部资本。尽管如此，但他还是买了下来！

李晓华携带冷饮机北上，当这台冷饮机出现在避暑胜地——北戴河的

时候,就刮起了冷饮旋风:冒着大汗的游人,排起了长队,一杯接着一杯……李晓华一下子赚了10多万元。

就在第一台喷泉制冷机于北戴河独领风骚的那个夏天行将结束的时候,他又毅然决定出卖这台立下汗马功劳的机器!

一些亲朋好友都吃惊地发问:"一个夏天还未结束,钱像流水似的进来了,这好比是一台印钱的机器,你怎么能舍得把它卖掉呢? 这不是傻透了吗!"

在李晓华看来,这台冷饮机今年所以独领风骚,就是因为它是第一台。独家经营。一些脑袋反应快的人,肯定会紧跟上。明年的北戴河,将会出现上百台,竞争的激烈程度可想而知。

正如李晓华所预料的那样,第二年夏天,北戴河喷泉式冷饮机到处可见,比比皆是。虽然还有人畅饮,但已不见排长队的景象了。

李晓华牛了,亲友们服了。

李晓华又发现了更好的机会,他利用这笔"原始资本",购进一台录像机和一台大屏幕投影机。当它第一个在秦皇岛登台时,马上兴起了"录像热",录像厅场场爆满,每张票竟炒到10元一张!

就这样,李晓华一举又赚了数十万元。

充分利用属于你的每一秒

时间是世界上最宝贵的东西之一,它是有钱也买不来的。所以,我们一定要珍惜时间。

人世间,每一个真正有志于成功的人,都很善于利用时间。

在飞机上,一个年轻小伙子一直在不停地写东西。坐在他旁边的中年男子凑过去看了看,原来他在给客户写短笺。中年男子开口说话了:"小伙子,我注意到了,在这两个小时里,你一直在给客户写信。你是一个出色的业务员。"

小伙子抬头微笑地看着这个男子:"是的,如果不是出差在飞机上,现在正是我的上班时间,是我应该做这些事情的时候。"

中年男子对小伙子的这种敬业精神很是欣赏,希望他能够成为自己的得力助手,于是说:"我想聘请你到我公司来做事,尽管我知道你现在的老板肯定很重视你,但是我提供给你的待遇绝对不会比他差。"中年男子充满期待地看着年轻人。

不过,年轻人拒绝了中年男子。因为,年轻人自己就是老板。

很多时候,时间并不是大段大段地以整块的形式出现,它们无影无形地隐藏起来,就像不起眼的水珠,10 秒、30 秒、1 分钟,无声无息地落入了岁月的长河。如果你不管不顾,它们就会烟消云散:它们就像微小的芝麻粒掉进了石头缝里,很难把它们重新拾起来,一天中很多时间就这样白白地被浪费了。但是,只要你抓住它们的行踪,珍惜并利用它们,它们就能变成江河之水。**"空闲时间"并不可怕,可怕、可悲的是出现"空白时间"。**

像故事中的年轻人一样,尽可能多地利用时间,在"闲暇"的时候工作和学习,这样做并不难。比如:在堵车或者等红灯的空当可以翻阅报纸和杂志,或者阅读短小的知识性文章;等人的时候可以和客户联系,扩展自己的关系网;甚至在上厕所的时候,也可以思考如何进一步开展自己的工作……总之,要利用这些零散的时间处理细小的环节,在"闲"的时候也不要"空"下来。

　　一个平庸的人永远不会把事情做到最好——那是卓越者才力所能及的。而一个人若只用平庸的标准来要求自己,却又想名垂千古——这不是痴心妄想吗? 不甘于优秀,超越优秀,成为卓越者,我们可以把事情做到最好。

高效在于平时的养成

有备无患的妙用

从前，有一只野狼在草地上勤奋地磨牙，狐狸看到后非常不解，问道："周围又没有危险，为什么要那么用劲磨牙呢？"野狼回答说："平时我把牙磨好了，到时就可以保护自己了。"仔细想想狼的这种行为是非常可取的。

平时把牙磨好，关键时刻就可以保护自己。这不就是我们常常说的"有备无患"吗？而事先准备就等于把事情往前赶，也就有利于把完成的时间大大提前。

平时就算安全的时候，也提高警惕，不断地磨炼自己，到危险时，就可以毫无顾忌地迎战了。 平时准备得万无一失，到危险时就可以轻松一些。举个最简单的例子，晚上临睡前把第二天要用的东西都准备好，这样的话即使你第二天睡过了头，也可以轻松应对。

凡事都先做好准备，这样无论面对什么样的状况都能轻松应对。之前准备得万无一失就不会有失误，危急时也可以救自己了。要知道如果你平时过得十分闲散，到危险时，即使你想应对，也是心有余而力不足了，但只要你过得稍稍辛苦一些，你就可以应对所有的危险。请记住，凡事都要做好准备，因为这个举动也许某一天会救了你自己。

有一句话是这么说的：**"机会时常留给有准备的人。"** 准备是一种战略，是一种智慧，时刻准备着，可以防患于未然。正如一只狼在闲暇之余，忙着磨起牙齿，就是为了哪一天来对付猎人或老虎。临阵磨枪是兵家大忌，这样往往会吃大亏，会失败。凡事我们都有理由去做好相当的准备才不至于等到火烧眉毛、事到临头的时候只能空悲切干着急了。

"螳螂捕蝉，黄雀在后"，危机与挑战时刻在等着我们。如果不作好准备，必定会成为"螳螂"的下场；如果不作好准备，等待我们的必定会是失败。将"准备"这一智慧装在心里，那样就算黄雀也只能眼巴巴看着螳螂逃跑的。

提前准备好一切，就可以稳操胜券。在"二战"时期有一个词很新颖，那就是"闪电战"，这是"二战"时期德国想出来的战术。这是一种趁人不备时进攻的战术。在战争中它的效果十分明显。但是如果被德国所侵占的国家提前作好战斗准备，战争的结果也许就不会这么惨。

人常说"兵马未动，粮草先行"。不管做一件大事也好，做一件小事也好，有准备的人成功的概率往往比那些没有准备的人高得多。准备对我们来说非常重要。

人的一生中，有很多危险在你猝不及防时向你扑来，为了应对这样或那样的危险，我们应时刻准备着，在危险和困难面前，做到淡定自如，化解危机。我们应该学习狼时刻准备的精神，来面对挑战。时刻准备着的人，是笑到最后并登上顶峰的人。

养成雷厉风行的好习惯

"雷厉风行"在现代汉语词典里的意思是：像雷一样猛烈，像风一样快，比喻执行政策法令等的严格迅速。实际上执行力也应该雷厉风行。严如雷霆，快如疾风。

雷厉风行是一种态度，对确定的方针、做出的决策、承担的工作，执行坚决、贯彻得力；雷厉风行是一种能力，面对任务要求、面对困难阻力，能够想得出思路"破题"，找得出办法"破冰"，拿得出措施"破局"；雷厉风行是一种勇气，是有敢于担当的气魄、敢闯敢试的气概、勇于负责的气度。

提高执行力，必须雷厉风行。执行力就是效益，就是速度。对上级的决策和工作部署，要全心全意，立即行动，排除一切不利因素和困难，不推诿、不扯皮，想尽一切办法，采取有效措施，以食不甘味、夜不安枕的精神，用最快的速度、最大的决心去履行职责，执行决策，按时按质按量完成任务，实现工作目标。坚决抛弃"等一等,看一看,缓一缓",找借口,讲"理由"的不良作风。必须做到执行政策和命令严厉而迅速,有令必行,有行必果。

雷厉风行是一种良好的工作作风、学习作风,也是一种良好的精神状态。振奋精神、转变作风、提高效能的一个重要标志就是要雷厉风行。

培养雷厉风行的工作作风,务必要真做真干,务求实效。有少数人善于坐而论道,表起工作决心来头头是道,但就是光说不做。"嘴巴行千里、屁股在屋里、行动在云里"的不良作风,必须坚决纠正。

一个雷厉风行的人,精明强干,见多识广,能出色地调度里里外外,说话掂过斤两,做每件事都用过心思,说干就干,干的每一件事都响当当的,让人佩服。在迅速的同时,还很稳重,踩稳第一步,才跨出第二步,思考周密,对事看得很透,做得完满得当,在任何急事面前从不见惊慌或忙乱,那永远沉着的劲儿,使周围的人都会变得镇静起来。

雷厉风行就是要闻风而动、只争朝夕。接到任务,像接力赛跑一样,拿到任务马上就去布置,遇到问题马上就去解决,有了目标马上就去落实。"今日事今日毕,明日事今日计",我们要做到特事特办、快事快办、难事巧办。坚决克服把"易事"推成"难事"、把"简单事"搞成"繁杂事"的拖沓懒散作风。

说了就算,定了就干,说到做到,说好做好!

 **心灵悄悄话**

在成为优秀之前,你只能把事情做得很好,只有成为优秀,你才会把事情做得更好,这是我们一个武断的结论。很难让人相信,一个正沉浸在失意中的酒鬼,可以指挥一场充满想象力的战斗。一个人不经过优秀的历练是成不了大才的,这是一条真理。

第四篇

求真务实抓执行

要提升执行力,就必须发扬严谨务实、勤勉刻苦的精神,坚决克服夸夸其谈、纸上谈兵的毛病。真正静下心来,从小事做起,从点滴做起。一件一件抓落实,一项一项抓成效,干一件成一件,积小胜为大胜,养成脚踏实地、埋头苦干的良好习惯。

踏实可以让人少一些急功近利,少一些鼠目寸光,踏踏实实做事的人才敢于相信、敢于坚持,并最终实现自己的理想。明确了自己的目标,认认真真地一步一步向目标迈进,就是对自己最大的帮助和推动。

服从是执行的基石

有这样一个问题：当上司安排一项任务让你执行时，你首先会表现出怎样的态度？

也许你不好意思说出答案，还是让我们一起讨论吧。有的员工会说："好的，我一定完成任务。"然后立即行动起来，投入到执行中去。有的员工会说："是让我做吗？好吧。"可能将任务放在一边，上司查核了才不得不做。有的员工会说："这样的工作我从没做过呀，小王这方面有经验，是不是让小王做？"如果推辞不掉，就接着寻找别的借口。

这三种态度，哪一种是正确的呢？在回答这个问题之前，我们先来重温一个耳熟能详的故事：

1898 年，美国准备对西班牙宣战，麦金莱总统认为赢得这场战争的关键是和古巴起义军合作，尽快同卡利斯托·加西亚将军即古巴起义军的领导人联络上。当时，加西亚将军正率部为独立而战，西班牙人正全力搜捕他，谁也不知道他确切的消息。

麦金莱总统召见了美国军事情报局局长瓦格纳上校，问到哪儿找一个信使能把信送给加西亚将军。瓦格纳上校推荐了一位年轻的军官——罗文中尉。一个小时之后，罗文来到瓦格纳上校跟前。"小伙子，"瓦格纳上校说，"你的任务是把这封信送给加西亚将军，他也许在古巴西部的什么地方……你只能独立计划并完成这项任务，它是你一个人的任务。"说完，瓦格纳上校和罗文握了握手，又强调说："把信送给加西亚。"罗文一个字都没问就走了，历尽险阻把信交给了加西亚，并将加西亚的回复转达给了麦金莱总统。

从罗文身上，我们能挖掘出很多优秀的品质，如敬业、忠诚、自动自发，这都是执行的要素。对于执行来讲,还有一种最基本的也是最重要的品质,那就是服从。当瓦格纳上校交代完任务后,罗文一个字都没有问,立即动身出发了,并出色地完成了任务,为赢得美西战争、解放古巴作出了重要贡献,他也被授予了杰出军人勋章。

现在再来看我们提出的三种态度,哪一种正确自然是不言而喻了。当上司安排给你一项任务时,你就应该干脆地说:"好的,我一定完成任务。"也就是说,首先要服从,无条件地服从。这是一种责任,是对工作高度负责的表现。因为只有无条件地服从,你才会立即执行,也只有无条件地服从,才会斩断你推诿和拖延的想法。试想,当你第一时间服从并决定立即执行任务时,你还有时间琢磨怎样推诿甚至拖延工作吗? 答案显然是否定的。

一旦树立起了无条件服从的责任意识,执行就会立竿见影,在这个讲究效率和速度的时代,还意味着抢占了先机,赢得了时间。还是以罗文为例,如果他向瓦格纳上校问这问那,甚至抱怨任务的艰难,不情愿地接受任务后,又不竭尽所能去寻找加西亚将军,甚至在丛林里开起了小差,结果会是如何呢? 那肯定会影响到麦金莱总统的决策,甚至贻误战机,改变战争的结局。

可见,服从是执行的基石,是执行的第一要素。而老板和上司赏识的也正是具备这种责任感的员工,把任务交给这样的员工,既放心,又省心。他会不找借口地执行,也会自动自发地把任务执行到底。主动服从显然是优秀员工必备的美德。巴顿将军的战争回忆录《我所知道的战争》里的一段话,正好印证了这一点:

"我要提拔人时常常把所有的候选人排在一起,给他们提一个我想要他们解决的问题。我说:'伙计们,我要在仓库后面挖一条战壕,8 英尺(1 英尺 = 0.3048 米)长,3 英尺宽,6 英寸(1 英寸 = 0.0254 米)深。'我就告诉他们这么多。我有一个有窗户或有大节孔的仓库。候选人正在检查工具时,我走进仓库,通过窗户或节孔观察他们。我看到伙计们把锹和镐都放到仓库的地上。他们休息几分钟之后开始议论我为什么要他们挖这么浅的战壕。他们有的说 6 英寸深还不够当火炮掩体,其他人争论说这样的战壕太冷或太热。如果伙计们是军官,他们会抱怨他们不该干挖战壕这么普通的体力劳动。最后,有个伙计对其他人下命令:'让我们把战壕挖好后离开这里吧。那个老畜生想用战壕干什么都没关系。'最后,那个伙计得到了提拔。我必须挑选不找任何借口就完成任务的人。"

　　也许你会问，那个得到提拔的伙计有责任感吗？他竟然不管那个"老畜生"用战壕干什么！实际上，巴顿将军考核的也是士兵是否具备服从这种执行的要素，因为主动服从是执行的开始，也是完成任务的保证。况且，在仓库后面挖一条非常规的战壕，也不会形成什么恶劣的后果。但是，如果巴顿将军下一道明显错误的命令，比如让士兵互相开枪，那些伙计肯定会彼此问："老畜生是疯了吗？"并拒绝执行的，尽管服从命令是军人的天职。

　　同样，当上司安排一项任务让你执行时，你首先要服从，但这种服从是一种理智的服从，不是盲目的服从。也就是说，你执行的前提是，你的工作对老板和公司是有益的，如果你发现让你执行的计划存在着漏洞，你就应该勇敢地站出来与上司商榷。当然，也许在执行的开始你并没有发现任务的不可执行性，随着工作的开展发现不对的时候，也不要以不是自己的责任为由，将错误进行到底。因为上司也有规划不周的时候，也有思考的盲点。关于这一点，我们在后面的章节里将详细论述。

　　服从是执行的第一要素！真正的服从是一种理智的服从，不是盲目的服从！

　　我们之所以不成功，不是由于别人否定我们，而是自己否定了自己；不是"我不行"，而是由于我们本来行，却偏偏要对自己说"我不行"。我们没有被生活打败，却被自己心里的灰暗念头打败！其实，很多时候，只要你带着自信去敲门，就会发现它比你想象中的更容易打开。

执行，没有任何借口

一位老和尚，他身边有一帮虔诚的弟子。这一天，他嘱咐弟子每人去南山打一担柴回来。弟子们匆匆行至离山不远的河边，人人目瞪口呆。只见洪水从山上奔泻而下，无论如何也休想渡河打柴了。

无功而返，弟子们都有些垂头丧气，唯独一个小和尚与师父坦然相对。师父问其故，小和尚从怀中掏出一个苹果，递给师父说：过不了河，打不了柴，见河边有棵苹果树，我就顺手把树上唯一的苹果摘来了。

后来，这位小和尚成了师父的衣钵传人。

这个小和尚之所以能够成为师父的衣钵传人，就在于他能够做事情有结果。

工作就是要结果，没有结果，任何理由都没有价值。工作面前，只讲结果，不讲借口。这样做也许粗暴了些，但执行重要的就是行动，有行动不一定有结果，但没有行动注定不可能有结果！

很多人一直不理解外国的企业里怎么会流行"先开枪，后瞄准"这样的口号，在普通人的脑海中，一直都是要"先瞄准，后开枪"的。

但惠普前总裁卡莉给我们上了一课。她上任之后，做的就是"先开枪，再瞄准"。先开枪再瞄准的逻辑，就是强调：一个差的结果，也比没有结果强。所以，有行动能力的人，这种人永远都先做再说。不要找借口，先做再说。只有去做，我们才能在做的过程中找到成功的方法，企业需要的不是借口，而是结果。

不找借口，生活中你可以与热情为伴走向成功，亦可以抓住希望的翅膀继续飞翔；不找借口，遇到困难时不挖空心思编织花言巧语为自己开脱，而是义无反顾、积极主动地去面对。这样的我们将永远充满热情；这样，我们也就离成功越来越近。

很多时候,我们理想中的事情没有做成功,尝试到了种种失败、沮丧的痛苦,其实细细分析,你不难发现,这些没有成功的事情当中有一大部分是因为我们自己的拖沓、懒惰造成的。事情发生的时候,我们总是找出种种理由来蒙蔽、搪塞自己:"哎,没有关系,来得及,明天吧",结果在多少个明天后就明日复明日了,到头来万物皆空。猛然间醒悟,才发现借口是一种很糟糕的毒品,在享受过它的"好处"后,会让你第二次、第三次情不自禁地接近它,而随之换来的也就是个人心理的消极,事业、学业的一事无成。

不找借口,生活中的你比别人多了可以思考的时间,利用这个时间,你可以去精熟你的工作,去设想你的未来,去改正过去的错误。利用这些时间,你还可以养精蓄锐、蓄势待发。

不找借口,意味着你比别人多了一分成功的机会,意味着你可以全力以赴地做事,没有私心杂念;不找借口,意味着你可以更好地挖掘自身的潜力,做别人不能做的事情;不找借口,意味着你的生活从此没有对抗,只有一个目标,简洁明了。

不找借口,意味着你是一个成功的人。

不找借口,看似没有后路可退,看似缺乏人情味,但是它却可以激发一个人的最大潜能。无论你是谁,在生活中,无须找寻任何借口,失败了也罢,做错了也罢,让借口沉默,让我们从此与成功结缘!

不为失败找借口,只为成功找方法

我们在做事情的时候总会遇到这样和那样的问题,一旦这些问题是我们暂时不能解决的,往往也就阻止了我们前行的步伐。当没有把事情做成功的时候,我们找到了各种各样的借口,认为这样的事情是一定不能够成功。当别人通过努力,最终做成了,我们还只是认为他们的运气好而已。如果我们养成了这样的习惯,最终的结果当然也就一事无成了,只能每天在生活的最底层刨食。人生最大的悲哀莫过于忙忙碌碌地过了一生,却不知道自己到底在忙些什么。

有一篇文章,讲的是一个初中生不屈不挠的工作态度。他经历过多次

的失败,但在失败以后从不退缩,而是迎着困难上,最终找到了属于他自己的成功。我相信只要我们在工作中少找一些借口,多找一些方法,再加上默默地坚持,总会找到属于自己的路。只有在这样的人生路上行走,真正实现了自己的理想,才不枉来到人世间走了一遭。也只有这样,当我们行将老去的时候,才不会嘲笑自己的一生。

为什么大多数的人在做每一件事情不成功失败或者被批评的时候,总是在找种种的借口在为自己找理由来告诉别人,那是因为他害怕承担错误,害怕被别人笑,所以会导致一个人性格变成心虚,懒惰,遇到困难很容易就退缩,因为他会找理由来告诉自己,自然而然就没信心。如果说你想成为成功人士的话,你眼里不应该有失败两个字的,只能说暂时没有成功,有句话不是说:不为失败找借口,只为成功找方法。

运气借口症

眼下在社会上出现一种流行病,人们张口闭口爱说什么"祝你交好运!""你的运气真好!"这类语言作为吉利话是无可非议的,但是此类话流传广了,特别是流传到学生中,就用这种思想总结自己学习成功或挫折的原因,那就会产生消极作用,每次考试下来总有人说:"我的运气太差了,复习记忆的东西一个也没考,专考我做不到的题"。有的学生迟到或吸烟受到老师批评语后,丧气地说:"我真倒霉,又被老师碰上了"。有少数人为了解自己的运气,竟然去找算命先生去抽签,并且信以为真,使运气借口症更重。

患有运气借口症的人,常常把受到挫折或失败的原因,归结为个人的运气不佳,他不是从挫折失败中接受教训,转败为胜,而是坐等好运。进而严重地妨碍了自己的学习进步,到了非治不可的地步。防治方法有两个:

第一,接受科学的因果观念。我们都知道种瓜得瓜、种豆得豆的道理。我们也常说:"一分耕耘,一分收获",你可以把学习成功的人与学习差的人比较一下,看看成功与失败由哪些原因造成的,运气起多少作用。从而明白:学习成绩好靠的是勤奋加好方法,绝不是运气。

第二,不能妄想不劳而获。靠运气不会成功,算命先生不能预卜你的前程。只有靠自己,靠实践,靠科学方法,靠自己的拼搏和奋斗,才是迈向成功之路的正确途径。

兴趣借口症

有些学生对某学科学得不好,成绩很差,问他们是什么原因,他会理直气壮地说:"我没兴趣!"有些学生说:"我对学习没有兴趣,我学不好,我不学了!"不想学习就说没有兴趣,不愿干的事也说对某事没有兴趣,这类人常以兴趣为借口,行其懒惰不愿做事之实者,我们称之为兴趣借口症。

兴趣借口症的主要症状是不愿意学习或不愿意做事,其实质是懒惰:一是思想懒惰,对学习的内容不愿下工夫,不愿意记忆,更不愿意动脑筋思考,因此学不会;二是行动懒惰,不愿实干,更不刻苦钻研,连基本的作业任务也不完成。

可见,不愿意学习或做事的主要原因是懒惰,而不是没有兴趣。

如何防治呢?

首要的是勤奋和认真,努力认真地去学就会有收获,就会有兴趣,也就不再以没兴趣为借口;其次,正确认识兴趣不是先天就有的,它是努力的结果,兴趣是后天培养的,是在实践活动中形成的,也是不断改变的。

勤奋借口症

勤奋是学习成功的重要因素,但勤奋不是成功的唯一条件,要想成功除勤奋之外,还需要方法、内在动力等因素。有些学生片面强调勤奋的重要而不顾及其他重要因素,一旦考试失败,仍抱住勤奋不放,耗时间,死学习,以苦为安慰,以此为借口,说什么"我尽最大努力了,学不好没办法"。有的学生学习废寝忘食,不辞辛苦,可称为"拼命三郎",但对效果如何却全不顾忌,只求心里安慰,"我尽力了! 我拼命了! 我无愧了!"我们说他们是患了勤奋借口症。

怎么防治勤奋借口症呢?

一是勤奋加方法,在勤奋的基础上讲究学习方法,提高学习效率;学会记忆和思考,提高学习质量;牢固掌握和灵活运用知识;加强自我调控能力,发挥主体精神等。总之,讲究学习方法和独立思考是防治勤奋症的一剂良药。

二是培养浓厚的学习兴趣。在勤奋和提高学习效率的条件下,体验学有所获的喜悦,能增强学习兴趣,兴趣浓学习效果更好。

三是激发深层次的学习动力,即进一步激发学生高层次的求知,创造和审美的需要。把学习当作自己高层次需要的满足,当作自己生命中不可缺少的部分,这个时候你的潜能的激发都能达到最高水平。只顾蛮干,盲学而不顾效果的勤奋借口症就能彻底治愈。

善于思考,充满兴趣的勤奋,才是学习成功的基本保证。

环境借口症

有些学生学习不努力,学习效果不好成绩差,不从自己的主观方面找原因,反而埋怨环境条件,把自己学习失败的原因全推向客观环境,此种思想越陷越深不能自拔,他们患了环境借口症,他们常抱怨学校条件差,生活也差,不能安心学习;也埋怨着教室不安宁,老师讲课听不懂;也有学生为家庭条件差而自卑,比不上别人有吃有穿有钱用等,治疗此症有以下几种:

第一,正确对待环境。人很难要求环境适应自己,只能让自己适应环境。以积极的态度从外部环境条件中吸取有益养分,为我所用,不能只看到环境差的一面。正确态度就像特级教师魏书生所说:"改变自我,天高地阔;埋怨环境,天昏地暗,于己无补"。要记住求人不如求己。

第二,认清决定学习成败的因素,环境是重要因素之一,但起决定作用的是主观因素。外界环境是外因,人的主观因素是内因。治疗环境借口症首先得学会从自身找原因,然后是发挥自己的主观能动性,才能提高自己的学习效率。

第三,寻求良好的学习方法,提高学习能力和学习效率。如,学会记忆和思考,培养积极的自我概念,增强自信和自尊,发挥个体潜能和激发内心的动力等。

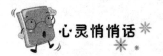

心灵悄悄话✳

> 　　我们的一生要经历很多的东西,可能大部分都是不成功的,或者说是不完美的。在这样的一生里,能够从一而终者寥寥无几。我所说的从一而终,并不是要求自己一生只做一件事,而是说自己想做而又能够坚持做到最后。

脚踏实地才能出成绩

在这个世界上，那些只想凭借与生俱来的天赋取得成功的人终归难有什么骄人的成绩。一名外国学者有如下的见解：**"伟大的作品来自天才的灵感，但是，只有辛勤地工作，才能把它变成现实。"**

天下没有免费的午餐，任何人都要经过不懈的努力才能有所收获。收获成果的多少取决于这个人努力的程度。努力工作，迟早会得到回报的。如果你想既不付出又希望获得优厚的待遇，那么，在这个地球上，没有一家公司肯雇用你。

一些著名的大企业总是把勤奋刻苦、自觉执行作为对员工的最好教育。在一个公司里，并不是具有杰出才能的人才容易得到提升，那些勤奋刻苦、自觉执行并拥有良好技能的人也有更多的机会。而工作懒惰的人是绝对不会被重用的。因为由于懒惰，不但自己的工作做不好，还会影响别人。

勤奋使平凡变得伟大，使庸人变成豪杰。成功者的人生，无一不是勤奋创造、顽强进取的过程。 一家知名公司的标语牌写有这样一段话：**如果你有智慧，请你贡献智慧；如果你没有智慧，请你贡献汗水；如果两样你都不贡献，请你离开公司。**

任何一家单位永远都需要勤奋进取的员工，因为公司需要稳步持续地发展。你的勤奋进取带给老板的是业绩的提升和利润的增长，而带给你的是宝贵的知识、技能、经验和成长发展的机会，当然，随着机会到来的还有财富。实际上，在勤奋进取中你与老板获得了双赢。

一位经理在描述自己心目中的理想员工时说："我们所急需的人才，是那些意志坚定、勤奋努力、有奋斗进取精神的人。我发现，最能干的大体都是那些天资一般、没有受过高深教育的人，他们拥有勤奋不懈的做事态度和永远进取的工作精神。做事勤奋的人获得成功的几率大约占到九成，大概只有剩下一成的成功者靠的是天资过人。"

勤奋刻苦是一所高贵的学校，所有想有所成就的人都必须进入其中，在那里，人可以学到有用的知识、独立的精神和坚韧的习惯等。

勤奋是保持高效率的前提，只有勤勤恳恳、扎扎实实地工作，才能把自己的才能和潜力全部发挥出来，在短时间内创造出更多的价值。一个缺乏勤奋精神的人，只能观望他人在事业上不断取得成就，而自己却只能在懒惰中消耗生命，甚至因为工作效率低下而失去了谋生之本。

日本"保险行销之神"原一平，身材瘦小，相貌平平，这些足以影响他在客户心目中的形象，所以他起初的推销业绩并不理想。原一平后来想，既然比别人的确存在一些劣势，那只有靠勤奋——弥补它们。为了实现力争第一的梦想，原一平全力以赴地工作。从早到晚他一刻不闲地工作，把该做的事及时做完，最后摘取了日本保险史上"销售之王"的桂冠。

命运掌握在勤勤恳恳工作的人手上，所谓成功正是这些人的智慧和勤劳的结果。即使你的智力比别人稍微差一些，你的实干也会在日积月累中弥补这个弱势。

华勒现在是某家建筑工程公司的执行副总，但在几年前，他是作为一名送水工被公司一支建筑队招聘进来的。华勒并不像其他送水工那样，把水桶搬进来之后，就一面抱怨工资太少，一面躺在墙角抽烟。相反，他热心地给每个工人倒满水，并在工人休息时缠住他们讲解关于建筑的各项工作。很快，这个勤奋好学的人引起了建筑队长的注意。两周后，华勒当上了计时员。

当上计时员的华勒依然勤勤恳恳地工作，他总是早上第一个来，晚上最后一个离开。由于他对所有建筑工作，比如打地基、垒砖、刷泥浆都非常熟悉，当建筑队的负责人不在时，工人们总喜欢问他。

一次，负责人看到华勒把旧的红色法兰绒撕开包在日光灯上，替代危险警示灯，以解决施工时没有足够红灯的困难，他决定让这个勤恳又能干的年轻人做自己的助理。现在，华勒已经成了公司的副总，但他依然特别专注于工作，勤勤恳恳，任劳任怨。

他时常鼓励大家学习和运用新知识，还常常拟计划、画草图，向大家提出各种好的建议，只要一有时间，他就想把客户希望他做的所有事做好。

华勒并没有什么惊世骇俗的才华，他只是一个贫苦的孩子，一个普普通通的送水工，但是他凭着勤奋工作的美德，幸运地被赏识，并一步步成长起来。没有什么比这样的故事更让人心灵震颤了，也没什么比它更能洗涤我们被享受和功利污染的心灵了。

要想比别人优秀，你首先就要脚踏实地、埋头苦干，比别人付出更多，一个人获得的任何东西都是他事先付出的回报。你在付出时越是慷慨，你得到的回报就越丰厚，这是公平的游戏规则。身为公司的一员，你只有舍得多下功夫，比别人付出更多的辛苦劳动，为自己所在的企业或部门做出成绩，只有出大成绩，才能得到嘉奖和赞扬，才能得到更多的提升机会，才能更进一步实现自己的梦想。

心灵悄悄话

　　一管理学家说过：人生活在世界上，每天都像动物一样在大草原上猎食。有时丰收，有时失败。有时自己跌倒，有时看到别人跌倒。但是这其中最大的不同，就在于这个人多快才能站起来。

化抱怨为行动力

抱怨本身是一种正常的心理情绪,当一个人自以为受到不公正的待遇,就会产生抱怨情绪,所以几乎每个公司都能听到这样的声音:"为什么老板总是让我干这样无足轻重的事情?""他们一点也不关心我,这算什么团队?""为什么又让我跟小张负责一个项目? 还不如我一个人做"等。

抱怨的人无非是宣泄心中的不快和不满,并期望得到一个满意的回答,来改变自己的现状。可实际上会怎样呢?

弗兰克大学毕业后进入了一家著名公司,他的同学和朋友都很羡慕,他扬扬得意地说:"你们就等着看吧,公司将会因我而改变,总有一天公司将会以我为荣。"他以为公司将会把他安排在管理岗位上,却没想到被安排到车间做维修工。维修工作很脏,很累,很不体面。干了几天弗兰克就开始抱怨:"让我干这种工作,真是大材小用!"于是开始藏奸耍滑,懈怠工作。三个月后,跟弗兰克一同进入公司的同学被提拔到了管理岗位,弗兰克得知后大惑不解,又开始抱怨:"老板为什么不重视我? 我什么时候才能脱掉这身油乎乎的工作服?"后来他工作起来更加消极,以前偷懒还躲着主管,现在竟然当着主管的面开起了小差。

公司接到了一份很大的订单,只有开足马力生产才能完成。为此公司要求维修工对设备进行检修,并严阵以待,保证设备正常运转。弗兰克敷衍了事地应付,留下了隐患,导致在生产最忙碌的时候设备出了故障。经过全体维修工抢修,还是耽误了生产,延误了交货日期,公司为此遭受了损失。弗兰克却抱怨说:"都是设备老化,谁也无能为力。"

年底公司裁员,弗兰克被裁掉了。弗兰克还在抱怨:"为什么是我?"却没人再搭理他。

虽然抱怨会减轻个人心中的不快和不满，但却不能使人朝着积极的方面发展，一个习惯将抱怨挂在嘴上的人，只会与成功渐行渐远，滑向失败的深渊。

实际上，有的人抱怨，确实是受到了不公正的待遇。对待这种情况，与其抱怨不休，不如通过合理的渠道解决，比如开诚布公地向老板或上司提出意见和建议，让领导重新审视当时的工作和条件，从而改变对你的看法；也可以置之不理，化愤懑为力量，努力做好工作，用优异的业绩引起老板或上司对你的再次关注，领导自然会对你作出公正的评价。而大多数抱怨的人，问题却是出在自身上。比如对自己的期望值过高，当现实与理想出现反差时，抱怨便自然产生了。

更多的人抱怨是因看问题片面引起的。他们只看到事情消极的方面，所以抱怨在所难免。像弗兰克，当被分配做维修工时，他只认为自己不受重视，却没把这个看作锻炼自己的机会。有句话讲：**一屋不扫，何以扫天下？也就是说，小事都做不好，怎么能做大事？其实，任何平凡的工作，都能显示出一个人的不平凡。**当你把平凡的工作做出不平凡的业绩来，老板还能不重视你吗？况且，在做这些工作的过程中，你会积累经验，提升能力，当让你负责重要任务时，你才不会错失良机。

更重要的是，抱怨是拖延的前奏。**一个人一旦开始抱怨，自然会分散工作精力，如果陷入抱怨的深渊里，就会产生一种对抗的心理，故意消极对待工作来宣泄自己的不满。**这样，能及时完成的工作也寻找借口拖延，能完美解决的问题也留个小尾巴，刁难上司或同事。个人执行力的降低自然影响到团队的执行力，整个计划就不可能按时完成。抱怨的人，总认为自己是正确的，一切都是别人的错。这样他就不能及时改进工作方法，甚至死抱着自己的那一套不放，执行力自然得不到提高。

抱怨还是一种极易传染的毒素。当一个人喋喋不休地抱怨时，就会引起周围人的注意，一旦出现有同感的话题，就会瓦解别人的控制力，让别人也情不自禁地加入抱怨中去。这样，抱怨就像流行性感冒一样在公司里肆虐，正常的工作氛围就会被搅得乌烟瘴气，大大影响组织的执行力。老板必然大力整顿，找到抱怨的导火索，毫不留情地清除。

然而，作为一种正常的心理情绪，产生抱怨也在情理之中。但不可任其肆虐，要加以控制，并最终消除这种情绪。第一步，当忍不住要抱怨时，你要闭紧嘴巴,默默地在心里抱怨;第二步,一旦心情好转,逼迫自己考虑工作,想想怎样执行才会尽善尽美。这样,你就会慢慢做到,当忍不住要抱怨时,自动考虑怎样执行任务,在无形中将抱怨的情绪化解。

亨利非常不满意自己的工作,经常抱怨不休。一天他愤愤地对朋友说:"我在公司里一点儿也不受重视,工资是最低的,老板还经常责骂我。我决定辞职不干了!"

朋友笑眯眯地说:"你对公司的贸易情况熟悉吗?你对报关的手续和技巧完全弄清楚了吗?"

亨利不屑地说:"我懒得钻研那些东西。"

朋友说:"我建议你把这些都搞明白了再辞职,这会对你有很大的帮助。"

亨利听从了朋友的建议,为了尽快把这些东西搞明白后辞职,他停止了抱怨,开始积极学习和工作。半年后,他又和那位朋友聚在一起。

朋友笑眯眯地问:"你从那家公司辞职了吗?"

亨利摇摇头说:"现在老板对我刮目相看了,给我加了薪,还委以重任,我决定留下来好好干。"

朋友得意地说:"这种情况我早就料到了。"

你抱怨过吗?你现在还在抱怨吗?

当你忍不住要抱怨的时候,请闭紧嘴巴,然后想想怎样把工作做得更好!

心灵悄悄话

习惯能成就一个伟大的人,同样也可以毁灭一个成功的人。拒绝坏习惯的纠缠,拒绝它无休止地拖累你健康的体魄和健全的意志,用坚强的意志战胜它,你就会发现生活的天空格外绚烂。

养成求真务实的作风

提升执行力贵在求真务实

所谓"求真"，就是"求是"，也就是依据解放思想、实事求是、与时俱进的思想路线，去不断地认识事物的本质，把握事物的规律。所谓"务实"，则是要在这种规律性认识的指导下，去做、去实践。坚持求真务实，是提高个人执行力的本质要求。**一个人只有保持积极的工作态度，求真务实，心无旁骛，干一行、爱一行、专一行，才能在平凡的岗位上创造出不平凡的业绩。**

要想提高个人执行力，在工作中有所建树，务必养成求真务实的工作作风，脚踏实地、埋头苦干，理顺权责关系，提高工作效能，使执行落到实处。

坚持求真务实，就是要一切从实际出发，深入调查研究，不唯书、不唯上、只唯实；坚持说实话、想实招、鼓实劲、办实事、求实效；坚持立足本职岗位，从小事做起，从点滴做起，爱岗敬业，勇于奉献，把工作当事业，把职位当责任，始终如一地在已有岗位上默默工作，认认真真、一步一个脚印地做好每一件工作，在实践中增长知识，积累经验，提高真抓实干的能力。

事实上，一个人的思维能力、思维习惯、思维风格、思维方式如何，直接关系到求真务实的客观性、决策的科学性、正确的指导性、创新的开拓性、胜利的决定性。要做到科学思维，就必须思维要务实，坚持一切从实际出发，严格按客观规律办事，把主要愿望与客观实际有机地统一起来。因此我们说，考虑问题、制定决策，都要从实际出发，从所处的环境、担负的任务及特点出发。

求真务实是一项艰苦的创造性劳动，必须克服忙于应付、工作精力不集中的浮躁心态和"情况不明决心大"的官僚主义倾向，有"天下难事，必作于易；天下大事，必作于细"的敬业态度，有求真务实、求实创新的智慧和勇气，有坚韧不拔、坚持不懈的执着追求，有乐于奉献、艰苦奋斗的实干精神，把吃亏、吃苦和经受磨难，当作人生的宝贵财富。

实践证明，很多人的执行能力和综合素质就是在刻苦努力、加班加点、努力工作中提高的，很多成绩也是经过艰苦努力取得的。那种贪图享受、追求安逸、怕苦怕累、遇到困难就退缩，没有求真务实、咬牙奋斗精神的人，是不可能有所作为的。

脚踏实地是提高执行力的重要品质

柳传志认为执行力是将适合的人放在适合的位置上，杰克·韦尔奇认为"卓越的执行"（脚踏实地不打折扣的执行）就是执行力。百度的解释：执行力，就个人而言，就是把想做的事做成功的能力。显而易见，没有执行力，就没有效率，就没有竞争力！而脚踏实地的精神，则是一个人提高个人执行力的重要品质。

成功的人不一定都是脚踏实地的，家庭背景、机遇也许是他们闪闪发光的原因，但脚踏实地的人一定会成功。某一天他们脚踏实地的努力得到了回报，他们便能振翅飞翔，且一飞冲天。

美国有"邦女郎"，中国有"谋女郎"，似乎有了"谋女郎"的头衔，麻雀就能变成凤凰。众位女星盼望张艺谋下一个选中的就是自己，似乎与张艺谋合作就成了通往国际影星的唯一捷径。其实不然，"谋女郎"巩俐、章子怡等，她们成功并非全是"谋女郎"的头衔，她们有脚踏实地的作风，"谋女郎"只是为她们提供了一个机遇，修行还是在个人，脚踏实地地练习表演喜怒哀乐的特技，念念有词地揣摩台词和剧中人物的情感，没有一番寒彻骨，哪来梅花扑鼻香。磨炼、锻造，长期的努力，最终她们才能够振翅直上，一飞冲天。

如果脚踏实地，认真地对待自己人生的决定，埋头苦干，一步一个脚印，相信终有"晴空一鹤排云上"的那一天。

秦国灭亡之后,历史进入"楚汉之争"的篇章。刘邦、项羽各持一军,双方都想独霸江山。项羽自恃武力盖世,骄奢自大。而刘邦却是另一番做法:脚踏实地做好每一件事。对下竭诚尽心;于民宽刑薄税,于己苛求至善……

最终虞姬横刀,乌骓恶鸣,一代霸王项羽自刎乌江,王图霸业转成空。而刘邦却成了大汉的开国皇帝。正是由于刘邦脚踏实地,他才赢得了楚汉之争的胜利。而项羽却成了乌江沙底的白骨。

1978 年以来,我国开始实施改革开放政策,踏踏实实搞建设,一心一意谋发展。经过二十多年的努力,我国的综合国力稳步上升,收回了香港、澳门。21 世纪以来更是飞速发展,如今国家又在致力进行医疗改革,解决三农问题,推广义务教育,脚踏实地为百姓谋福利。现今的中国已成为发展中国家的领头羊,国际地位大幅度提升,世人都用一种新的眼光看待中国。

鹰击长空的壮阔令我们羡慕不已;大厦高耸的巍峨让我们感叹不已;成功者的光环让我们惊羡不已。我们在感叹这些时,是否想到鹰一次又一次苦练,是否想到大厦的坚强柱石,是否想到成功者背后的脚踏实地的奋斗?

脚踏实地要求我们对待成败得失应如泥土般自然、平静和从容。脚踏实地要求我们像老黄牛一样一步一个脚印。失落时不低沉,胜利时不炫耀,像蝶蛹那样慢慢积蓄自己的力量,终有一天会蜕化为蝶飞向广阔的蓝天。

风从水上走过,留下粼粼波纹,时间从树林走过留下圈圈年轮,我们从时代走过,能留下什么? 朋友,我们应脚踏实地以待展翅高飞,像雁过留声一样人过留名。

心灵悄悄话

"播下一个行动,收获一种习惯;播下一个习惯,收获一种性格;播下一种性格,收获一种命运。""习惯"贯穿于整个人生,一个人的成功或失败都与习惯的好坏有着紧密的关联。养成良好的作息规津,既有助于身心健康,又能够锻炼自己的意志,是让你终身受益的宝贵财富。

实干不等于傻干

拿不准的事，问好再做

许多人在执行时有一个毛病：不管自己对事情有没有把握，说干就干，但是干出来的结果，往往很糟糕，小则吃力不讨好，大则给单位造成想象不到的损失。

说干就干，从不拖拉的角度讲，的确值得肯定，但永远要记住：就算是能力再强的人，也不可能对所有的事情都拿得准。心中有疑惑、不能确定的时候，千万不要自作主张，闷头就做。遇到问题，不妨先问一下，问明白了再做。

在一次培训中，一位主管讲了一件发生在她自己身上的事情：

毕业后，她做的第一份工作是在一家服装公司做销售。有一次，她联系了很久才争取到了一位客户。签合同那天她又兴奋又紧张，努力做好万全的准备，还带去了一些客户需要的工作服样品。没想到客户觉得样品很不错，签完合同后又决定再从她们公司订制一些衬衫。

这可真是意外之喜！

她痛快地答应客户，马上就回公司把衬衫的样品拿了过来。客户对衬衫也很满意，当场就敲定了款式和面料。

在报价的时候，她犹豫了一下，其实她对衬衫的业务不太了解，到底该报什么价格她也拿不准。可是因为不想失去这个单子，她就按照以前听同事闲聊时说过的价格报了上去。合同顺利地签了下来。

等她兴高采烈地回到公司,准备申请款项去买面料的时候,她才发现,客户订的面料实际价格竟然比自己的报价要贵了三倍!

　　这样一来,这个单子不仅没有赢利,反而给公司造成了损失。

　　可是合同已经签了,为了维护信誉也没办法再更改了,所以这笔损失只好由她自己来赔付。

　　这件事情对她影响非常大,从此她给自己总结出了一条必须遵守的工作准则:拿不准的事,一定要向有关领导、客户和同事去询问,问好了,一切都明白了,再开始去做。

　　因为迫切想要成交,这位女主管在"拿不准"的情况下自作主张,结果好事反倒变成了坏事。其实,打个电话问一下,也就是一分钟的事,这样的错误完全可以避免。

埋头苦干要有目标指引

　　许多人埋头苦干,却不知所为何来,到头来发现追求成功的阶梯搭错了,却为时已晚。因此我们务必把握真正的目标,并拟订实现目标的计划,凝聚向前的力量。

　　其实成功人士和平庸之辈最根本的差别,并不在于天赋,而在于有没有人生的目标。年轻的容颜可以随岁月老去,但我们的心却不可以丧失希望和追求上进的勇气。

　　浪迹天涯的游子,会有疲惫的时候,但他走过千山万水的脚步不曾停下,因为他的心始终寄予远方。为了那心中向往的地方,他不畏路途跋涉和重重艰难险阻。登山者不会停止向上攀登的努力,因为他的目标是世界最高峰。要达到一个自己向往的目标,就需要付出艰辛的努力,不能气馁,不言放弃,一心向前。

　　人生没有目标,正如生活没有方向,让人意志消沉,从而碌碌无为而虚度一生。平淡而有规律的日子,使人惬意,让人容易失去方向,让人堕入平庸。不甘于平庸一生,不愿意永远被埋没,则需要树立目标,然后向着既定

的目标而不停努力奋斗。

成功人士有明确的目标，并且有强烈的欲望去得到自己所想要得到的东西，因为他们知道自己内心深处的真实需求，他们倾听自己内心的声音，忠于内心的目标和人生的使命，他们没有办法忍受自己没有目标的生活。因为他们知道如果没有目标，就没有活在这个世界上的意义。

有了目标，内心的力量才会找到方向，盲目地漂荡终归会迷路，而你心中那座无价的金矿，也因不开采而与平凡的尘土无异。 人生的目标犹如前进的灯塔，只有明确我们的生命中到底要追求些什么？明确自己到底想要些什么？这样我们才不会碌碌无为，才会在忙碌的工作及生活中得到我们所要的东西。

 心灵悄悄话

拿破仑说过："行动和速度是制胜的关键。"每一个成功的人士都是在最短的时间采取最有效率而且大量的行动。一个人之所以会比你成功，因为他行动的次数比你多。立即行动！只有立即行动，才会让我们的梦想变成现实。只有立即行动，才会让我们超越对手，超越自己。

保持本色　诚信做人

做人要有原则

小城中最大的一家外商独资企业招聘 1 名技术人员的消息不胫而走：月工资 5000 元，奖金除外，每年还可以到大洋彼岸观光一次。报考者蜂拥而至。

阳光炽热，树上的叶儿蔫头耷脑。

高工坐在闷罐似的考场里，蒸腾的暑气加上燥热的心情，使他大汗淋漓。面对考题他并不怵，外文、专业技术类考题都答得十分圆满，唯有第二张考卷的两道怪题令他头疼："您所在的企业或曾任职过的企业经营成功的诀窍是什么？技术秘密是什么？"

这类题对于曾在企业搞过技术的应考者并不难。可高工手中的笔却始终高悬着，捏来攥去，迟迟落不下去，多年的职业道德在约束着他：厂里的数百名职工还在惨淡经营，我怎能为了自己的饭碗而砸大家的饭碗呢？他心中似翻江倒海，毅然挥笔在考卷上写下四个大字："无可奉告。"

高工拖着沉重的脚步走向家里，进门后，妻子一再追问，他才道出了答题的苦衷。全家人默默无语。

正当高工连日奔波，另谋职业之际，石破天惊，外商独资企业发来了录用通知。高工技压群雄，白卷夺冠，这成为小城一大新闻。

做人要有原则，无论什么时候，做人的原则不能丢。养成保持自己立场的习惯，你才会少犯错误，才能保住自己的本色。不同的人有不同的做人原

则。要有所作为必须坚持好做人原则。首先选择自己的人生原则，然后在行动中坚持它。也许，成功就在不远的拐角处。

诚信决定执行力

执行力不仅是一个战术层面上的问题，也是一个战略层面上的问题，它是一个系统工程，更是一门学问，它渗透到一个人深层文化意识的各个方面。只有优良的品质才能给执行力加分，在这方面，诚信则是第一位的，它决定着个人执行力的高低。

在实际工作中我们发现所有的工作中，尽管有制度、有措施，可是还有违章。究其原因，就是一个态度问题，一个做人是否诚实、做事是否认真的问题，做人要有一个做人的标准，做事也要有一个做事的原则。

要时刻牢记执行工作，没有任何借口，要视服从为美德；无论在任何岗位，无论做什么工作，都要怀着热情、带着情感去做，真正做到诚信做人，勤奋做事。

诚信是立身处世的准则，是人格的体现，是衡量个人品行优劣的道德标准之一。正如孔子所说"言必信，行必果"，即"人无信不立"。只有诚信，一个人才会去为了实现自己的许诺而积极肯干；一个真正注重诚信的人或组织，在履约不能的时候，必定会慷慨地对自己失信的行为负责，及时地采取必要的措施弥补自己的失信造成受诺主体的损失。诚信是最高尚的人格力量。

何为诚信？许慎在《说文解字》中说："诚，信也""信，诚也"，二者在本意上是相通的。"诚"的基本含义就是诚实不欺，既不自欺，也不欺人，包含着真诚于自己和诚实地对待他人的双重规定。而"信"的基本含义是信守诺言，说到做到。

诚信，既是一种个人的内在品质，又是主客体互动关系中的行为规范。中华民族素来守信重诺，上至王者的"君无戏言"，下至黎民百姓的"言必信，行必果"。

大家一定知道商鞅变法，立木为信的历史典故吧，商鞅奉秦孝公之命推行变法,然而开始困难重重,毫无执行力可言,为何? 人不信也! 于是商鞅于城门外立木赏金,一市井小民以举手之劳获得重赏,由此诚信立,变法得以推行,秦国走上了兴盛的道路。与此形成鲜明对比的是西周国王周幽王为博褒姒一笑,烽火戏诸侯,失信天下,在西戎进攻周朝都城镐京时,原本起信号传令作用的烽火丧失了执行力,无援兵救助而亡国。

中国古代卓越的政治家李世民曾说,以铜为镜可以正衣冠,以史为镜可以知兴替,以人为镜可以知得失。然而在当前的社会生活中,仍然充斥着太多的失信现象:从仿冒伪造到假烟假酒,从假账目假招聘到假文凭假公章假招标假政绩;从股市造假教授剽窃到大学生毕业后恶意不还贷;从跑道上的兴奋剂到足球场上的假哨假球……这一切无不蚕食着我们的社会公信力,进而影响到政府的执行力,影响到企业之间合作协议的执行力,企业内部决策的执行力!

在我们经历了长达十五年马拉松式的谈判正式加入世界贸易组织时,世贸组织的一位官员给了我们这样的忠告:中国加入世贸组织后,从长远看,缺的不是资金、技术和人才,而是诚信——或者说是信用,以及建立信用体系的机制。这是个受人尊敬的忠告,这个忠告,一语点中了制约我国经济社会发展和进步的软肋,点中了我们能否紧紧抓住 21 世纪头二十年重要战略机遇期的薄弱环节。

子曰:"人而无信,不知其可也。"诚信是立身处世的准则,是人格的体现,是一个组织最可贵的品质。诚信之于执行力是万丈高楼之柱基,是璀璨珠宝背后之钻石本色,诚信不一定能给一个企业带来辉煌,一个辉煌的企业却必定诚信。

在国内某企业的网站上看到这样的话:领导对群众讲诚信,就能得人心;企业对客户讲诚信,就能占市场;单位对职工讲诚信,就能增合力;上级对下级讲诚信,就能通和谐。

试问,一个不具备诚信品质的员工,哪怕他千般保证,你敢把重要任务交给他去执行吗? 一个不具备诚信品质的领导,哪怕他拍着胸脯,你能够放心地去执行任务吗? 一个不具备诚信品质的企业,哪怕白纸黑字担保画押,你敢把重要的订单交给它做吗?

具有较强执行力的人,诚信会体现在他的各个方面,从而使他具有正确的工作思路和方法、工作方式和习惯、熟练掌握工作和做事的相关执行工具,以及具有执行的做事风格与性格特质。

　　总之,我们要提升个人执行力,就要时时刻刻、事事处处体现出服从、诚实的态度和负责、敬业的精神。面对市场经济的大潮,我们要想立于不败之地,就必须要提高执行力,坚守诚信。**诚信是最根本的品质,离开诚信,执行力无从谈起**!

心灵悄悄话

　　有时一个小小的举动远比一大堆天花乱坠的言语有说服力。记得用你的行动去证明你的诚意,用你的行动去说服别人。行动的力量是巨大的,它可以以真实、自然的状态展现你的内心和品格,别人会用敏锐的眼光看着你的一举一动,从而判定你的想法和人格。

第五篇

执行在于细节

生活中我们经常会发现,那些功成名就的人,在功成名就之前,早已默默无闻地努力工作过很长一段时间。在实际工作中,不论你是一名老总还是普通员工,唯有把"每一件寻常的事做得不寻常地好",苛求细节的尽善尽美,才是走向成功的最佳途径。如果凡事你都没有苛求完美的积极心态,那么你永远无法达到成功的顶峰。生命中的许多小事都蕴涵着令人不容忽视的道理,那种认为小事可以被忽略、置之不理的想法,正是我们做事不能善始善终的根源,它不仅使工作不完美,生活也不会快乐。

细节的重要性

细节决定成败

人们都有这样一种思想,只想做大事,而不愿意或者不屑于做小事,中国人想做大事的人太多,而愿意把小事做好的人太少。事实上,随着经济的发展,专业化程度越来越高,社会分工越来越细,真正所谓的大事实在太少,比如,一台拖拉机,有五六千个零部件,要几十个工厂进行生产协作;一辆福特牌小汽车,有上万个零件,需上百家企业生产协作;一架"波音747"飞机,共有450万个零部件,涉及的企业更多。

因此,多数人所做的工作还只是一些具体的事、琐碎的事、单调的事,这些事也许过于平淡,也许鸡毛蒜皮,但这就是工作,是生活,是成就大事不可缺少的基础。**所以无论做人、做事,都要从小事做起。一个不愿做小事的人,是不可能成功的。老子就一直告诫人们:"天下难事,必作于易;天下大事,必作于细。"要想比别人更优秀,只有在每一件小事上比功夫。不会做小事的人,也做不出大事来。**

当宝洁公司刚开始推出汰渍洗衣粉时,市场占有率和销售额以惊人的速度向上飙升,可是没过多久,这种强劲的增长势头就逐渐放缓了。宝洁公司的销售人员非常纳闷,虽然进行过大量的市场调查,但一直都找不到销量停滞不前的原因。

于是,宝洁公司召集很多消费者开了一次产品座谈会。会上,有一位消费者说出了汰渍洗衣粉销量下滑的关键,他抱怨说:"汰渍洗衣粉的用量太大。"

宝洁的领导们忙追问其中的缘由,这位消费者说:"你看看你们的广告,倒洗衣粉要倒那么长时间,衣服是洗得干净,但要用那么多洗衣粉,算计起来更不划算。"

听到这番话,销售经理赶快把广告找来,算了一下展示产品部分中倒洗衣粉的时间,一共3秒钟,而其他品牌的洗衣粉,广告中倒洗衣粉的时间仅为1.5秒。

也就是在广告上这么细小的一点疏忽,对汰渍洗衣粉的销售和品牌形象造成了严重的伤害。这是一个细节制胜的时代,对于自己的工作无论大小,都要了解得非常透彻,数据应该非常准确,事实也应该非常真实,这样才能脚踏实地完成宏伟的目标。

美国绝大部分企业家会知道一些十分精确的数字:比如全国平均每人每天吃几个汉堡包、几个鸡蛋。之所以要了解得这么清楚,是因为他们想确保细节上多方面的优势,不给竞争者以可乘之机,哪怕是一些细枝末节的漏洞。

只要保证产品在一比一的竞争中获胜,那么整个市场的绝对优势就形成了,而这些恰恰是市场拓展的精髓所在:要打败对手,唯有做到比对手更细! 国际名牌POLO皮包凭着"一英寸之间一定缝满八针"的细致规格,20多年立于不败之地;德国西门子2118手机靠着附加一个小小的F4彩壳而使自己也像F4一样成了万人迷。

类似的以细节取胜的经营之道逐渐成为一种流行的趋势,例如,很多餐厅准备了专供儿童使用的"baby椅";客人吃完螃蟹后滚烫的姜茶便端送到其手中;商场在晚上关门前会播放诸如《回家》之类的音乐,让客人在萨克斯的情调中把轻松带回家……

在这么多例子中,我觉得把细节服务做到极致的是诺顿百货公司。这家由8家服装专卖店组成的百货公司,靠的就是细节服务取胜而不是削价赢利的竞争策略。诺顿百货公司的细节化服务有:

——替要参加重要会议的顾客熨平衬衫;

——为试衣间忙着试穿衣服的顾客准备饮食;

——替顾客到别家商店购买他们找不到的货品,然后打7折卖给顾客;

——在天寒地冻的天气里为顾客暖车；

——有时甚至会替顾客支付交通违章的罚款。

诺顿公司总裁约翰先生在服务的细节上起到了带头作用。在高峰时间他从不占用可以多容纳一位顾客的电梯，而是从楼梯走上走下。

在诺顿百货公司的细致服务下，大批的忠实顾客都喜欢把自己称之为"诺家帮"，诺顿百货公司也因此长盛不衰。可以说，做事情就是做细节，任何细微的东西都可能成为"成大事"或者"乱大谋"的决定性因素。

细节成就完美

在产品和服务越来越同质化的今天，细节的完美是企业竞争的制胜一招。有一家公司的墙上贴着这样一句格言：**苛求细节的完美**。如果每个人都能恪守这一格言，我们的自身素质无疑会有大幅度地提高，也会避免很多失误与叹息。

个人如此，一个企业更是这样。管理市场运作、管理销售团队、管理财政事务都要有这种苛求细节完美的精神，起点低不要紧，关键是认真对待每一件小事，把寻常的事做得不寻常地好。要么不做，要做就做最好。只有树立这样的高标准，才能使每项工作和每个人有最快最大的进步。

希尔顿饭店的创始人、世界旅馆业之王康·尼·希尔顿就是一个追求细节完美的人。

康·尼·希尔顿这样要求他的员工："大家要牢记，万万不可把我们心里的愁云摆在脸上！无论饭店本身遭到何等的困难，希尔顿服务员脸上的微笑永远是顾客的阳光。"正是这小小的永远的微笑，让希尔顿饭店的身影遍布世界各地。

一家企业的副总凯普曾入住过希尔顿饭店。那天早上刚一打开门，走廊尽头站着的服务员就走过来向凯普先生问好。让凯普先生奇怪的并不是服务员的礼貌举动，而是服务员竟喊出了自己的名字，因为在凯普先生多年的出差生涯中，在其他饭店住宿时从没有服务员能叫出自己的名字。

原来,希尔顿要求楼层服务员要时刻记住自己所服务的每个房间客人的名字,以便提供更细致周到的服务。当凯普坐电梯到一楼的时候,一楼的服务员同样也能够叫出他的名字,这让凯普先生很纳闷。服务员解释道:"因为上面有电话过来,说您下来了。"

吃早餐的时候,饭店服务员送来了一个点心。凯普就问,这道菜中间红的是什么?服务员看了一眼,然后后退一步做了回答。凯普又问旁边那个黑黑的是什么。服务员上前看了一眼,随即又后退一步做了回答。她为什么后退一步?原来,她是为了避免自己的唾沫落到客人的早点上。

也许你会觉得这些都是不起眼的小事,但在商业社会中,是否注重细节的完美就体现在这些小事上。因为我们每个人所做的工作,都是由一件件小事构成的。把每一件事做到极其完美的程度,必须付出你的所有热情和努力。完美的细节体现出一种专业化的品质,而只有具备了专业化训练和精神的人,才能铸造完美的细节。

在工作中,我们不仅需要自动自发的精神,更需要苛求细节完美的精神,我们的产品不允许有任何的瑕疵,在任何时候我们都不能仅仅满足于尽力而为,而要全力以赴地追求产品的完美无缺。

我们常说要追求卓越,其实卓越就是苛求细节的具体表现,卓越并非高不可攀,也不是遥不可及,只要我们认真从自己做起,从日常的每一件小事做起,并把它做精做细,都可以达到卓越的状态。

心灵悄悄话

生活中,我们大多数人很少有机会做大事。那么,我们该怎样对待自己的生活呢?是整日抱怨上天不公呢?还是认认真真地做好每一件小事,让每一天都生活得充实而富有色彩呢?显然,只有把小事和细节做完美的人,才能摆脱命运的羁绊,获得快乐的人生。

注重细节让你更卓越

不容忽视的细节

我们常说要追求卓越,其实卓越就是苛求精细化的具体表现。卓越并非高不可攀,只要我们认真从自己做起,把日常的每一个细节做精做细,就可以达到卓越的境界。

从辩证的关系来看,任何事情都是由若干细节构成的,细节决定了事情的全部。如果不关心每一个细节,也就不会做好每一件事情。张瑞敏说:"把每一件简单的事做好就是不简单,把每一件平凡的事做好就是不平凡。"

任何伟大的工程都始于一砖一瓦的堆积。任何耀眼的成功也都是从一跬一步中开始的。这一砖一瓦、一跬一步的累积,都需要我们以尽职尽责的精神去一点一滴地完成它。在工作中出现的问题,的确只是一些细节、小事上做得不完全到位,而恰恰是这些细节的不到位,又常常会造成较大影响。

曾有一家电器公司的区域经理,擅长和经销商喝酒拉关系,对各种营销理论也耳熟能详,可业绩却不是很好。在他心里,始终觉得自己对负责的市场已经付出了很大的心血,也一直觉得自己是一名杰出的销售人员,是公司的业务明星。他总认为是总公司的支持政策迟迟不能到位才是他举步维艰的罪魁祸首。

但事实的情况和他说的完全不一样,他完全是在一个混沌的状态下工作:每天业务员出门干了什么他根本不知道,工作中只听业务员的汇报而很少直接去了解市场,也有所谓的"工作汇报系统",但是那上面连最基本的访问记录都是空白的——原因是业务员觉得那些都是多余的,于是他也放弃了这项工作。

最有意思的是,在当地最大的一家家电卖场,他们品牌的展台上居然有其他知名企业的产品。当别人指出他的这些错误时,他居然一副"虽然有点小错但是也不需要大惊小怪"的样子。

虽然这家企业不断吹嘘自己的营销队伍是"最优秀的,是过硬的"。但一个不关注细节的企业必然是平庸的,后来该企业销量的不断下滑恰好说明了这一点。

平庸和杰出企业的最大的差距便是对"细节的关注"。以销售队伍而言,平庸企业的营销人员在细节上都非常地"偷懒",上司逼得不紧,也就得过且过,开了订货会,有了订单,算是交差。而杰出企业的营销人员绝对不会像上面这家企业一样,只会泛泛而谈,他们的营销人员整天挂在嘴上的往往是一些很细节的问题,如分销、陈列、销售、收款等。

在某跨国公司的杭州分公司,有一支很优秀的销售队伍,他们的团队成员每天讨论的是如何把商店的陈列达到最佳,竞争对手最近有什么动态,如何去阻击其他产品的竞争等。

当集团公司的市场和销售总监来做市场检查的时候,不是穿着西装对销售人员指手划脚,而是和业务员一起动手理货。所以该公司的巧克力多年来一直稳居市场占有率第一位,这并非是因为跨国企业的背景或者是广告做得好,其实这个品牌的大部分巧克力是在国内销量的,在国外销量极其有限。

这家公司成功的一个重要原因是因为它有着一群对每个销售环节都抠得很细的销售人员,他们对竞争对手的打击是从消灭他们的每一个细节开始的。以这家公司的订货会为例,他们拿到的订货业绩是其他公司订货会的4到5倍!

是他们有什么特别诱人的促销方案吗?是他们请大牌明星到会捧场吗?

都没有,唯一可圈可点的是他们对细节的关注和秉持。

为了每年一度的秋季订货会,他们一年前就在全国选择了一个城市作为试点，全程拍摄了 VCD，并且对这个试验性会议做了很多仔细的研究。市场推广部也在这些研究的基础上制定了一本厚厚的"订货会操作流程手册"。

在订货会之前，会议的组织者又一起去将要开会的城市进行观摩，一起参与会场的布置，会议的安排，事先的预演。在开会前，他们又和经销商开了好几次准备会议，关于流程、会场布置、人员安排、客户邀约、模特的选择、时间安排、可能会出现的问题及解决方式等都做了详细的讨论。

会议开始前一天，他们按照计划布置好了会场，又详细地将所有人员的工作重新确认了一下，物料和会议资料重新进行了检查，所有的会场设施和宾馆服务人员的工作时间也作了确定。最后，又将第二天的程序完全预演了一遍。

就是这些完善的准备工作，就是这些对细节的关注，让这家公司赢得了经销商的心，赢得了整个巧克力市场。

从小事着手，从细节出发

日本狮王牙刷公司的员工加藤信三就是一个活生生的例子。有一次，加藤为了赶去上班，刷牙时急急忙忙，没想到牙龈出血。他为此大为恼火，上班的路上仍是非常气愤。

回到了公司，加藤为了把心思集中到工作上，还是硬把心头的怒气给平息下去了。他跟几个要好的伙伴提及此事，并相约一同设法解决刷牙容易伤及牙龈的问题。

他们想了不少解决刷牙造成牙龈出血的办法，如把牙刷毛改为柔软的狸毛；刷牙前先用热水把牙刷泡软；多用些牙膏；放慢刷牙速度等，但效果均不太理想。后来，他们进一步仔细检查牙刷毛，在放大镜底下发现刷毛顶端并不是尖的，而是四方形的。加藤想："把它改成圆形的不就行了！"于是他们着手改进牙刷。

经过实验取得成效后，加藤正式向公司提出了改变牙刷毛形状的建议，公司领导看后,也觉得这是一个特别好的建议,欣然把全部牙刷毛的顶端改成了圆形。改进后的狮王牌牙刷在广告媒介的作用下,销路极好,销量直线上升,最后占到了全国同类产品的 40% 左右,加藤也由普通职员晋升为科长。十几年后成为公司的董事长。

牙刷不好用,在我们看来都是司空见惯的小事,所以很少有人想办法去解决这个问题,机遇也就从身边溜走了。而加藤不仅发现了这个小问题,还对小问题进行细致的分析,从而使自己和所在的公司都取得了成功。

我们都很敬佩已故的前总理周恩来的胆识和谋略,但他那种关照小事、成就大事的本领,更值得我们这些凡夫俗子学习和借鉴。

当年,尼克松访华的时候就敏锐地发现,周恩来具有一种罕见的本领,他对一些事情的细节非常认真。因为他发现,周恩来总理在晚宴上为他挑选的乐曲正是他所喜欢的那首《美丽的阿美利加》。

后来,在来访的第三天晚上,客人被邀请去看乒乓球和其他体育表演。当时天已下雪,而客人预定第二天要去参观长城。周恩来总理得知这一情况后,离开了一会儿,通知有关部门清扫通往长城路上的积雪。

周恩来总理做事是精细的,同时他对工作人员的要求也是异常严格的。他最容不得"大概""差不多""可能""也许"这一类的字眼。有次北京饭店举行涉外宴会,周恩来总理在宴会前了解饭菜的准备情况时,他问:"今晚的点心什么馅?"一位工作人员随口答道:"大概是三鲜馅的吧。"这下可糟了,周恩来追问道:"什么叫大概?究竟是,还是不是?客人中间如果有人对海鲜过敏,出了问题谁负责?"

周恩来总理正是凭着一贯注重细节、关照小事的作风,赢得了人们的称赞。

生活其实是由一些小得不能再小的细节构成的,可我们总是倾心于远大的理想和宏伟的目标,总觉得那些微不足道的细节不过是秋天飘落的一片片树叶,无关紧要。我们总是忽略了不该忽略的细节,从而在接踵而至的事故面前穷于准备,忙于应付。

看不到细节,或者不把细节当回事的人,对工作缺乏认真的态度,对事

情只能是敷衍了事。 这种人无法把工作当作一种乐趣,而只是当作一种不得不接受的苦役,因而在工作中缺乏热情。而考虑到细节、注重细节的人,不仅认真地对待工作,将小事做细,并且注重在做事的细节中找到机会,从而使自己走上成功之路。

心灵悄悄话

平庸企业和杰出企业的差距就在这些细节中,这些看似不起眼的细节,却往往是从平庸到杰出的天堑。做好每一个细节,对每个人来说,既是一种理念、一种素质的考验,也是衡量执行力的一项指标。

细节造就商机

垃圾变商机

3 年前的一天,刚刚失业的日本女孩儿杉山在马路上漫无目的地走着,脚下突然传来一串清脆的响声,杉山被吓了一跳,仔细看时,原来是自己不小心踩在了被丢弃的塑料泡沫垃圾上。杉山不经意地拾起脚下那块塑料泡沫,用手一挤,清脆的响声便从手指间流泻出来。

响声入耳,杉山不觉眼前一亮,她脑中闪过这样一幕:从前一位同学在课间闲着无聊时,把包裹在录音机外面的塑料泡沫拿在手里挤出响声来消磨时间。

能不能把这种能挤出响声的塑料泡沫开发成一种年轻人喜欢的新商品呢? 杉山决定试一下,她收集了几片被丢弃在垃圾箱里的塑料泡沫,回到住处后让朋友们来捏挤,大家普遍的反映是:这真是太棒了,挤破气泡瞬间的清脆响声和指尖的触感简直让人着迷。杉山从朋友们的喝彩中看到了希望。

她的构思与设想赢得了一家包装公司的青睐,按照她的想法,被命名为"挤泡"的第一批塑料泡问世了,这些"挤泡"不但有粉、橙、绿、黄、蓝等绚丽的颜色,形状也设计成心形、袜子形等。"挤泡"上市后,竟一鸣惊人,成为日本少男少女们迷恋的时尚新宠。

接着,针对整张的"挤泡"带在身上不方便,拿在手里也无从下手等缺陷,杉山改小了塑料泡尺寸,同时还为大张的"挤泡"设计了齿孔,像邮票一样可 张张撕下来。产品成功后,杉山又研制出了兼有实用功能的"挤泡台历"，在这种用塑料泡制作的台历上，日期都被压制成一个个气泡，每晚临睡前挤破一个泡，一声轻响，就会提醒主人又过去了一天，要珍惜时间。

在 2005 年世博会上，"挤泡产品"的魅力在会场上充分展示出来了，除纯消遣的"挤泡"外，挤泡画和面积达 24 平方米、可遮风挡雨的挤泡房屋也出现在会场上。各国商人都非常看好这些"挤泡产品"，订货者络绎不绝。

行走在生命的马路上，谁的脚都不免会踩到一片垃圾。用无动于衷的眼睛观看，那永远只是垃圾；用玲珑剔透的心灵审视，那背后也许就是永远欣赏不完的风景，而创业者是看不到垃圾的，他们只看得到商机。

别出心裁的店铺

那是一条非常有名气的美食街，汇聚了天南海北数不清的风味特色小吃，因而商家之间的竞争异常激烈。阿灿最终决定在那条美食街上投资创业，但其前景并不被人们看好。因为他只是选择经营炉包和水饺等大众型的快餐，一点竞争的实力都没有。况且，阿灿租赁的店面，还处在美食街最偏僻的一个位置上。

阿灿的店名为"春风园"，那 3 个大字是他特意请一位书法家题写的。之后，他又请了一位木雕师父，将那几个字雕刻在一块长方形的柏木板上，并打磨上漆。因此，阿灿的门头，与旁边那些电脑喷绘的招牌明显不同，而是显得古香古色。·

入夏之后，正是美食街生意最火爆的时候。然而，阿灿的店铺里仍然顾客寥寥。可是，阿灿好像并不发愁，在别人眼前总是一副心满意足的样子。

在连续几天阴雨之后，美食街上发生了一件非常有趣的事情：在阿灿店铺的门头上，突然生出了一株蘑菇！它就像一把撑开的小伞，稳稳地立在那个"园"字的顶部。

于是，阿灿的店铺门口便吸引了很多好奇的食客和行人。之后，还有人给当地几家报社的新闻热线打去了电话。闻讯赶来的那些记者，也感到非常新奇。他们从多个角度，对那株蘑菇进行了拍照。

那一株神奇的蘑菇，顿时成了美食街上议论最多的话题。几乎一夜之

间,阿灿的"春风园"变成了美食街的明星店。

尽管专家对这一怪异现象的解释是,风把菌种携带到了木制的门头上,再加上阴雨天气,适合菌种生长。但是,这并不能阻止人们的好奇心,以及对它的进一步联想。不少人认为,蘑菇是福运的象征,门头上长蘑菇,世上少有,这证明这家店铺的主人必将发大财。

果然不出人们所料,"春风园"的生意日渐红火起来,而且那一株蘑菇也越长越大。对此,别的店铺只能表示羡慕。因为这么多年来,在美食街上,独有他们一家的门头上长出蘑菇来。

后来,在那一株蘑菇长到碗口大小的时候,却悄悄地从阿灿店铺的门头上消失了。然而,店里的食客并没有因此而减少。在不到一年的时间里,阿灿暴发。

在一次聚会上,我们喝到酒酣,再一次跟阿灿议论起那一株神奇的蘑菇。他神情颇为得意地问道:"你们怎么认为呢?"

我跟他开玩笑说:"是你小子交好运,连上帝都眷顾你吧。"

听了,阿灿摇了摇头,而后狡黠地笑了笑,说:"你们还真认为世上有上帝? 其实那些蘑菇,都是我请木雕师父雕刻的——"

原来,阿灿在店铺生意冷清的时候,因为缺乏资金做宣传,最后想出了这样一个办法。他请那位手艺精湛的木雕师父雕刻了十几个大小不一的"蘑菇"。那些"蘑菇"雕刻得非常逼真,如果不是拿到手里,根本无法辨认出真假。

然后,他在夜里,悄悄将其中最小的一株"蘑菇"固定在门头上。之后,他再根据所刻"蘑菇"的形状大小,隔些日子,就换一个新的。于是,在外人的眼里,就制造了"蘑菇"在不停生长的假象……

心灵悄悄话

美丽的金子也许会在我们的漠视中白白地流失,鲜艳的花朵也许会在我们的忽略中匆匆凋谢。留心关注社会中的点点滴滴,我们才能在普通平淡的日子里创造轰轰烈烈的生活、在暗淡的沙砾里提炼出金光闪闪的金子。

平凡的小事也要做好

在实际生活和工作中,不管是解决问题、处理事务,还是策划市场、管理企业,也都不会有什么绝招。大量的工作都是一些琐碎的、繁杂的、细小事务的重复。这些事做成了、做好了,并不一定能见到什么成就;一旦做不好、做坏了,就使其他工作和其他人的工作受连累,甚至把一件大事给弄垮了。

对于一家大企业来说,企业的价值链已经很完善,要做好这些工作,需要的往往不是灵感和创意,而是兢兢业业、有条不紊,把众多被细分的小事情做好、理顺。员工们不再有一人兼顾几个方面工作的机会,更多的是要持续反复地做细分和规范好了的某一部分工作。

这样的企业是用组织、制度或文化来实现目标,通过一套组织、程序来约束越轨行为,或者用文化(比如客户第一)内在地改变行动观念。这样一来,在大多数情况下,实现绩效就是一种紧盯目标下的简单重复过程。

有位朋友在一家制丝厂工作。制丝是流水线作业,每一个链条出了问题就会影响到整个工艺。一个岗位一个人,一个萝卜一个坑,每位员工每天面对的都是相同的工作,单调而又枯燥,平凡而又简单,但是有一句话对他触动很大,那就是:把平凡的事一千遍、一万遍地做好就是不平凡。

不管什么事情,哪怕再小、再不起眼,哪怕再不需要什么技巧与能力,也要持之以恒、日复一日地做好,如随手关灯,写字楼灯管不亮在当日就换好,开会时将手机调成震动,总在约定客户见面5分钟前到达等。如果每天真能做到这些,这样的公司和这样的员工是非常了不起的。

什么叫不简单?就是把简单的事情千百遍都能做得很好;什么叫不容易?就是大家都认为非常容易的事情你能认真地去做好它。话很朴实,却很深刻。

不管是对于公司,还是个人,最重要的是将重复的、简单的日常工作做精细、做专业,并恒久地坚持下去,做到位、做扎实。获得成功的人一定是犯错误最少的那个人。

那么什么叫恒久地做到位、做扎实呢?举一个例子:评价一个人力量的大和小,不能仅以一次能否举起200斤的杠铃来衡量,如果一鼓作气,很多人都可以做到。但是,要将一件简单的事坚持不懈、始终如一地做好就不易了!

比如拿一根绣花针,没有人办不到,但是如果要求你以一个姿势拿着,走上几公里或者保持几个小时,有几个人可以做到?

最优秀的人是想方设法完成任务的人,最优秀的人是不达到目的誓不罢休的人,最优秀的人是为了一个简单而坚定的想法,不断地重复,最终使之成为现实的人,这就是一个有成效的员工最不为人知却最重要的技能。

而那些成天将意志、信念挂在嘴边的人,往往只会纸上谈兵,他们不敢面对残酷的现实,他们在逆境中退缩,他们谨小慎微而游移不定。毫无疑问,这样的人,永远不会取得成功——他们连成功执行最基本的健康心态都不具备!

小细节,大成就

即使是碰上好运气,让你遇到了意外情况,可是由于司空见惯,或者思想没有准备,头脑不敏感,或者粗心大意,或者虽然注意到特殊现象,但不打算进行进一步研究等,都会使机遇丧失,错过发现、发明的机会。在弗莱明以前,就有其他科学家见过青霉素菌能抑制住葡萄球菌的现象;在伦琴以前,已经有物理学家注意到 X 射线的存在;琴纳家乡的不少人都知道感染过牛痘的人能免生天花,特别是那些挤奶工。但是,由于他们不以为然,而坐失良机。

国外的一些企业,在开展公共关系活动时,热衷于制造具有新闻价值的事件,以引起媒介的关注。企业善于借这类事件的影响,借新闻记者的口和笔名扬四方,扩大产品销量。美国联合碳化钙公司的产品一度滞销,公司为此十分担忧。

正在这时,一群鸽子飞进了公司总部大楼的一间空房子里。公司有关人员顿生灵感,下令关闭门窗,不让一只鸽子飞出去。随后,立即打电话通知"动物保护委员会"派人前来救援,并电告各新闻机构。果然新闻界被惊动了。电视台、电台、报社纷纷派记者进行现场采访。从小心翼翼地捕捉第一只鸽子起,到最后一只鸽子受到保护为止,前后共花了3天时间。

3天之中,新闻媒介作了一系列绘声绘色的报道。其结果,该公司不但提高了知名度和美誉度,它所经营的碳化钙也转而畅销起来。

试想,如果该公司的有关人员头脑不灵活的话,怎么能利用这飞来的大好机会?只能看着鸽子和机遇悄悄地飞来,又默默地飞走。

如何抓住机遇,并没有固定的模式和准则可循,但过人的洞察力和预见能力无疑是非常重要的。

平时要留心周围的小事,有敏锐的洞察力。牛顿不放过苹果落地、伽利略不忽视吊灯摆动、瓦特研究烧开水后的壶盖跳动这些似乎司空见惯的现象,他们因此而有所发明或发现,就是典型的事例。在日常生活中,常常会发生各种各样的事,有些事使人感到惊奇,引起多数人的注意;有些事则平淡无奇,许多人漠然视之,但这并不排除它可能包含有重要的意义。

一个有敏锐观察力的人,就要能够从日常生活中发现不奇之奇。19世纪的英国物理学家瑞利正是从日常生活中观察到端茶时,茶杯会在碟子里滑动和倾斜,有时茶杯里的水也会洒出一些,但当茶水稍洒出一点弄湿了茶碟时,会突然变得不易在碟上滑动了。他对此做了进一步研究,做了许多类似的实验,结果求得一种计算摩擦力的方法——倾斜法,他因此获得了意外惊喜。

富尔顿10岁时,和几个小朋友一起去划船钓鱼。富尔顿坐在船舷上,他的两只脚不在意地在水里来回踢着。不知什么时候,船缆松了扣,小船漂走了。富尔顿没有忽视这种生活中的小事,他发现自己的两只脚起了船桨的作用。富尔顿长大以后,经过刻苦的学习和研究,终于制造出世界上第一艘真正的轮船。

生活中一些司空见惯的事情背后隐藏着大道理。所以我们平时要留心

注意周围的小事，生活中的小细节，有着敏锐的洞察力，更容易捕捉灵感，离成功也就更近一步了。

 心灵悄悄话

成功，就是简单的事情重复地做，要成功其实不难，只要重复简单的事情，养成习惯，"一旦你产生了一个简单而坚定的想法，只要你不停地重复它，终会使之变成现实。"这是美国 GE 前总裁杰克·韦尔奇对如何成功作出的最好回答。

第六篇

有激情地去执行

　　人不能在梦幻式的理想中生活,一个人不仅要有理想,更要有为实现理想而努力奋斗的精神和力量,用我们坚强的笑容、乐观的心态努力奋斗。让我们放眼世界、展望未来,为理想插上奋斗的双翅,为了今天和明天,展翅高飞。

　　奋斗人生,是长期坚持,永不停息的努力,无论环境怎样,条件怎样,我们都应该有此毅力,追求自己的目标,为自己的理想而奋斗,实现人生的真正价值。人生需要的就是一种拼搏,一种不懈的追求。在各种艰难困苦的挑战下,我们都应当永存信念,这才是奋斗。

要有梦想更要实现梦想

梦想是一种使命

1967 年，毕业于纽约大学法律系的基辛格在为新人举行的联欢会上，他对同是刚刚进入公司的同事说："我将来一定要成为这个国家的总理。"大家没有在意，认为那可能只是醉酒后的豪言壮语罢了。可是基辛格却开始了长远的计划。凭其旺盛的斗志与惊人的体力，数十年如一日，孜孜不倦地工作，后来远远超过了其他有雄厚实力的竞争对手，在毫无派系背景的情况下，完全凭借本人实力，冲破险阻，终于在 35 年之后当上国务卿。

1949 年，一个 24 岁的青年人，充满自信地走进美国通用汽车，应聘做会计工作，只是因为父亲曾对他说过的"通用汽车公司是一家经营良好的公司"，并建议他去看一看。

在应试的时候，他的自信使助理会计检察官印象十分深刻。当时只有一个空缺，而应试员告诉他，那个职位十分艰苦，一个新手可能很难应付得来。但他当时只有一个念头，即进入通用汽车公司，展现自己足以胜任的能力与超人的规划能力。

当应试员在雇用这位青年之后，曾对他的秘书说："我刚刚雇用了一个能当通用汽车公司董事长的人。"这位青年就是自 1981 年出任通用汽车公司董事长的罗杰·史密斯。

梦想就如同是一种使命，会让人产生责任和信念。每个人都有自己的

使命,区别在于有没有力量去实现梦想。我们因梦想而发愤图强,有了这种信念,就会有百折不挠的决心,有战胜疾病的勇气,有成功的希望。然而现实生活中,有些人由于性格、心理、社会、文化等原因,对自己缺乏信心,并为此感到痛苦。

几乎所有缺乏这种信念的人都有相同的生活模式,他们只看一类的杂志和电影,从不改变自己的服装样式,拒绝听取不同的意见,总是躲在同一群朋友中间,不玩从未玩过的游戏,见到陌生人就举止失措,死死守住自己为之牢骚满腹的工作。

用奋斗实现梦想

每个人都会有梦想,梦想各不相同,有大有小,是梦想丰富了我们的人生,指引着我们努力奋斗,开创出美好未来。不用担心自己的梦想不能实现,只要我们不断追求,总会有所成就。因此,梦想越高远,人生就越丰富,也越能给我们强大的动力。也就是说,期望值越高,达成期望的可能性就越大。

每个人心中都有一个舞台,心有多大,舞台就有多大。我们不应该让我们的梦想被局限,而应该让远大的梦想牵引着我们在追求卓越的路上奔跑。一个拥有远大梦想的人,即使实际做起来没有达到最终目标,可他实际达到的目标有可能比不求上进的人最终目标还大。

有两个兄弟都热爱旅游。哥哥的梦想就是前往北极,在冰天雪地中与北极的动物亲密接触;弟弟的梦想只是到北爱尔兰。他们各自计划着自己的行程,并决定在同一天出发。结果很遗憾,他们两人一个也没有达到自己的目的地,但是哥哥到了北爱尔兰,而弟弟仅仅走到英格兰北端就停住了自己的脚步。

英国有一句谚语:"扯住金制长袍的人,或许可以得到一只金袖子。"那些志存高远的人,所取得的成就虽可能达不到最终的目标,但必定远远地离开了起点。当远大的梦想最后实现,我们回头的时候会发现,是梦想让我们卓尔不群。

一个炎热的夏日，一群工人正在铁路的路基上辛苦地工作。他们顶着炎炎烈日，汗流浃背。这时，一辆缓缓驶来的火车打断了他们的工作，火车停了下来，其中一节车厢的窗户被人打开，一个友好而低沉的声音传来："安德森老伙计，我请你喝杯咖啡。"于是工人大卫·安德森和迪姆墨菲总裁在特制的带有空调的车厢内，进行了长达1个小时的愉快交谈后，两人热情地握手道别。

大卫·安德森的工友立刻包围了他，他们对于大卫是墨菲铁路总裁的朋友这一点感到非常震惊。大卫解释说，20多年以前他和迪姆墨菲是在同一天为这条铁路工作的。大家更是惊讶。

其中有一个人半开玩笑地问大卫：为什么现在你还在太阳底下工作，而他却成了总裁？大卫非常惆怅地回道：23年前我为了1小时1.75美元的薪水而来，而他是为了这条铁路而来。"

美国潜能大师说过："如果你是一个业务员，赚1万美元容易还是赚10万美元容易？答案是10万美元。因为你的梦想是赚10万美元，这样的梦想更能让你热情洋溢、兴奋有劲。"

心灵悄悄话 ✳

梦想是成功的第一要义。因为一个人想走向成功必须经历一次次的蜕变，而这一次次蜕变的过程中，我们应该用梦想指引着自己走向成功。

为你的理想不懈拼搏

皮尔·卡丹生活在天天都要为吃饭与穿衣的事而发愁的家庭里,却偏偏对各式各样的服装感兴趣。

念中学的时候,由于贫困和年迈多病,皮尔·卡丹的父母再也无法维持这个家庭了。皮尔·卡丹不得不从中学退学去做工,他的选择是去裁缝店当小学徒。

他的梦想,他的天才,他的勤奋,使皮尔·卡丹的技艺很快就超过了师傅。他经常别出心裁地设计出一些新颖的样式,很受当地年轻小姐的青睐,常常有人找上门来请他设计时装。他不仅白天当裁缝,搞设计,晚上还到一个业余剧团当演员,以便于更好地观摩和研究各种新奇高雅、绚丽多彩的舞台服装,这对他未来的设计风格产生了深远的影响。

这时候的皮尔·卡丹,在当地已经小有名气。然而,他清楚地知道自己想要的是什么。他并不是要当一名制衣匠,他的梦想是当一个"时装设计大师"。他下决心要去世界时装艺术的中心巴黎闯荡一番。然而,初闯巴黎的尝试却失败了。

当时正是第二次世界大战刚刚拉开序幕的时候,巴黎乌云密布,所有的时装店都关了门。皮尔·卡丹随着逃难的人流,从巴黎流落到一个小城市里,几经周折,总算找到一家服装店安定下来。几年以后,他成了这家裁缝店里最出色的裁缝。生计有了着落,但皮尔·卡丹却越来越苦恼,他觉得在这里待得越久,离巴黎就越来越远。他不甘心自己的梦想变得越来越渺茫。

有一天,他遇到一位同样因战争流落到此的贵妇人。贵妇人对他身上高雅奇特的服装很感兴趣,听说这是他自己设计制作的,她更是十分惊讶。卡丹向她述说了自己的苦恼和梦想,贵妇人不由得感叹说:"孩子,你一定会成为百万富翁,这是命中注定的。"这预言更激起了他心中压抑已久的激情和愿望。皮尔·卡丹带着贵妇人提供的地址,再次来到巴黎城。

他按那贵妇人提供的地址找到了巴黎爱丽舍宫对面街上的女式服装店,这是一家专为大剧院设计缝制服装的颇有名气的服装店。凭着他高超的技术和对舞台服装的独到的见解,老板毫不犹豫地收下了他。

在那里,皮尔·卡丹潜心于自己的工作,对高级服装的制作有了更成熟的经验。服装店开始为法国先锋派电影《美女与野兽》设计服装,皮尔·卡丹参与了这次设计制作。他为角色设计的一套刺绣绒服装使角色在影片中大放光彩,也使皮尔·卡丹一举成名,成了巴黎服装界引人注目的新星。

从此以后,皮尔·卡丹开始不断地激励自己去追逐和实现自己的梦想。他曾为当地最负盛名的时装大师夏帕瑞当过助手,也曾为被尊为时装界领袖的迪奥当过助手。终于,在1949年,他以自己多年的积蓄,为自己办起了一家小公司。4年后,他的第一家服装店正式开张了。

他设计的时装千姿百态、色彩鲜明,充满浪漫情调,很合巴黎人的口味,再加上配有音乐伴奏的时装表演,使他的时装更富有魅力。

他不失时机地提出了"时装大众化"的口号,把设计重点放在一般消费者身上,让更多的人买得起、穿得起。这个口号成了巴黎时装界的一个历史性的突破。皮尔·卡丹源源不断地推出风格高雅、质地适度、价廉物美的时装,深受中产阶级妇女的欢迎。这使他的时装店天天门庭若市。

大胆的离经叛道的创举,招致了法国保守的时装界同行的攻击,但皮尔·卡丹却我行我素,继续进行他的"时装革命"。他说:"我已被骂惯了。我的每一次创新都被人抨击得体无完肤。但是那些骂我的人,接着就会去做我做过的东西。"

皮尔·卡丹在经营上也是新招迭出,令人目不暇接。他不遗余力地在全球拓展他的品牌和他商业帝国的疆域。他的成功似乎永无止境……

 心灵悄悄话

缺乏信心的人不是没有梦想,而是没有去实现自己梦想的勇气和决心。他们没有将自己的梦想当成是自己的使命,而是当成了一种消遣和安慰。梦想的意义在于能让我们充满动力地生活,每天向着我们的目标勇往直前。

培养积极进取的精神

积极进取是一种人生态度,更是一种做事方法。积极进取主要强调每个人对自我的正确认识、对周边环境的正确对待、对人生道路的信心和希望。

跨国公司员工的第一个良好习惯是积极进取。这些企业的员工之所以养成积极进取的习惯,是因为他们处在国际市场的激烈竞争中,稍有懈怠就有可能被淘汰。

在动物界有这样一件有意思的事情:在美丽的非洲大草原上,生活着羚羊和狮子。羚羊每天一早醒来,就在思考,如何跑得更快一些,才能不被狮子吃掉;同样,狮子每天一早醒来,也在思考如何能比跑得最慢的羚羊更快一些,才不会饿死。羚羊和狮子的故事告诉我们,工作、生活就是这样,不论你是羚羊还是狮子,每当太阳升起的时候,就要毫不迟疑地迎着朝阳向前奔跑!

昨天不等于今天,过去不等于未来。生活在美丽非洲草原的羚羊和狮子,两者相比之下,弱者是羚羊。为了生存别无选择,只有面对现实,勇于挑战、用心挑战,才能超越自我、战胜对手、不断进步,才能在美丽的非洲大草原上天长地久。

自然界对任何一种动物都是公平的,公平竞争,共同发展。社会对每一个人也是公平的,竞争合作,共创共享。强者生存,弱者淘汰是竞争的不二法则。不管你今天处在强者的位置还是弱者的地位,都要像羚羊和狮子一样,当崭新的一天开始的时候,在自己的岗位想方设法让自己进步,做到由弱者变强者,强者更强。只有这样,才能在激烈的市场竞争中,创造优秀的业绩;在激烈的岗位竞争中,立于不败之地。

在实际生活与工作中,还有很多人,稍微取得一点成绩就忘乎所以,不知道自己姓什么排老几了,开始倚老卖老,在工作上不思进取了。这些人完全忘记了自己当初为这份工作而付出了许多不眠之夜,等到他们失去工作时才悔恨自己没有积极进取。所以,我们每一个人都要积极进取,充分地将自己的才能发挥出来。

闻名世界的科学家牛顿,一生诲人不倦。有一次,他安排给助手一个问题,需要在很短的时间里解决。过了很长一段时间后,牛顿向助手要答案,助手一脸茫然地说道:"对不起,牛顿先生,这问题对我来说太难了,根本无法解决。"牛顿感到非常生气,他想:"事情已经交给你很长时间了,即使问题再难也应该找到办法解决了。"助手解释道:"我想,除了你没人能解决这个问题。"牛顿生气了:"你根本就没有去找人,也没有去想办法,你又怎么知道没人能够解决呢?我告诉你,这个问题除了你,其他所有人都能够解决。"最后,牛顿对他的助手说:"你这是没有积极进取的意识,怎么能一遇到问题就偃旗息鼓呢?你应该充分发挥你的才能,直到将问题解决为止。"

我们很多人,在工作中一遇到麻烦就偃旗息鼓,这确实是缺乏进取意识。其实,一个人的潜力是无限的,只要你愿意发挥,积极进取。

凯斯小时候因家境贫寒,没有读多少书,而是直接进工厂当了一名车工。可是,对一个不满十五岁的小孩子来说,当车工并非一件简单的事情。刚开始的时候,他一窍不通,但是他很勤奋,从来不错过任何学习的机会。逐渐地,凯斯成了一名技术娴熟的车工。可是,凯斯却不满足于当前的状况。他逐渐对生产机器产生了兴趣,并发现了其中的诸多不足。他决定通过自己的努力改变这些不足。经过数十年如一日的艰苦奋斗,凯斯不但成为一名非常有名的工程师,还成了拥有多项发明的科学家。而凯斯在自我评价时却说:"我天生条件很差,知识比较缺乏,我取得的成绩完全是靠自己的积极进取。但是,这至少也能说明我具有发明创造这方面的潜能。我通过积极的创造,将这些才能淋漓尽致地发挥出来了。"

任何一家公司都需要永远积极进取的员工,因为公司永远需要发展。我们或许能从下面这样一个员工的身上看到积极进取的巨大力量。

小杨是一家公司的业务员,在她接到裁员通知的那一刻,心好似被铁锤

猛击了一下,整个人呆住了。在公司的洗手间里躲了半天,她的情绪才慢慢平静下来。

在公司的这几年,小杨一直踏踏实实、勤勤恳恳,本职工作做得非常好,同事们也喜欢这个手脚勤快、笑容甜甜的女孩子。

近几个月,公司的业务一直不景气,裁人在所难免。在本科生成堆的业务部里,中专毕业的小杨首当其冲。不过,被裁人员一个月后才会正式离岗。

第二天上班,小杨依然笑容甜甜,同事们的眼神中却多了几分同情,语气中也多了几分客气。本来小杨做的事情,总有人主动揽过去,不用说,大家有点可怜倒霉的小杨。

一大早,有人在复印厚厚的一本技术资料。"还是我来吧。"小杨走到复印机前,拿起厚厚一沓资料。同事转过身,看到的是一张平静而诚恳的面容。同事犹豫了一下,离开了复印机。一整天里,小杨仍像往常一样,有条不紊地忙碌着,打印资料、翻译文件、收发传真、转接电话……渐渐的,同事们似乎忘记了小杨的遭遇,他们又像往常一样找小杨,有的说:"帮我发份传真。"有的说:"快帮我查份资料。"有的说:"我出去一下,有人找,就帮我招呼一声。"小杨连声答应着,把一件一件事情办好。

一个月很快就过去了,最后一天,小杨收到一份通知,公司老总亲笔写下一句话:"像小杨这样的员工,我们公司永不嫌多。"

如果你是老板,你也不会辞掉像小杨这样积极进取的员工。如果现在你不是老板,那你就应该做一个积极进取的人,应该在工作和生活中永远积极进取,因为只有这样,才会有收获。

心灵悄悄话

读书,这个我们习以为常的平凡过程,实际是人的心灵和上下古今一切民族的伟大智慧相结合的过程。教育孩子多读一些好书终归是一件好事。

用自制力管理自己的执行

执行力有一个十分重要的方面,即管理者自己的执行能力,这就是自制力。提高自制力,就是加强执行力。什么是自制力?从字面解释,自制力就是控制自己的能力,是指能够完全自觉地、有意识地控制自己的情绪,支配自己行动的能力,是意志的重要品质,是情商的重要因素。

一个人的行动是受外力监督的,在外力的监督下,人不得不去做的事情,这不算是有自制力,因为这不是自觉的。我们讨论的是没有明显外力影响而完全靠自己掌控行动的这种能力,这才是真正的自制力。自制力的构成是一个矛盾体,矛盾的一方是感情,另一方是理智。如果任凭感情支配自己的行动,那便使自己成为感情的奴隶,是缺乏自制力的表现。

自制力表现在两个方面,**一是善于迫使自己执行定下的决定;二是善于抑制与自己的目的相违背的愿望和行动,善于抑制无益的欲望和行为。**也就是强迫自己做该做的事,甚至是自己不喜欢的事。比如你今天计划起早去跑步,是否能离开温暖的小窝义无反顾地下床呢?你曾决心不打车攒钱买房,能否坚持每天在寒夜冷风中等公车呢?你的一个美女同事对已婚的你有意,你是为了家庭的美满拒绝她,还是抵制不住诱惑而就范呢?你计划每天要背一定数量的单词,是否会因为打球或打游戏而把任务拖到明天呢?这些都是在考验你的自制力。禁欲、慎独、忍耐、坐怀不乱、坚持不懈等,其实都属于自制力范畴。而“放纵自己”“做自己高兴做的事”“图痛快”,追求“完全的自由,无拘无束”这些都是自制力差的表现。

自制力作为执行力的重要方面,更有着非同寻常的意义。我们先看两个例子:

成功学大师拿破仑·希尔曾对美国各监狱的16万名成年犯人做过一项调查,发现这些不幸的男女犯人之所以沦落到监狱中,有百分之九十的人是因为他缺乏必要的自制。自制力不强,不但给他人和社会带来了伤害,自己

也受到惩罚,受到了法律制裁。

小张是某师范学院中文系的学生,自从买了电脑后,迷上了电脑游戏。由于长期缺少跟班里同学交流,感到融不进集体,因此越发迷上网络,以致整天不去上课,任课老师都不知道班里有这位学生。一学期下来,他的七门功课补考的有五门之多。根据"一个学期不得同时有三门课程补考,否则留级"的校规,他留级了,但已是追悔莫及。小张由于自制力差,导致了自己的学业失败。

上述这两个例子作为自制力差的表现,很典型。如果一个人自制力强,那么他便会将精力较集中地用于一点,这样的做事效率很高,自然能在完成一件事上取得成功;一件一件小事的成功,才会累积起大的成功。

那么,该怎么做才可以提高抵制诱惑的能力呢?

一、结果比较法

仿照那些成功人士的思维方式,让我们静下心来,花些时间分析一下:失败都是由因及果的,如果我们把心思专门用在学习和工作上,即抵制住诱惑,我们会获得什么结果;如果我们把心思用在别的方面,即抵制不住诱惑,我们会获得什么后果。这样我们可以列一个表,在表里我们填下现在忍耐吃苦的话,将来会获得什么快乐;现在就急于求乐的话,将来会承受什么痛苦。

例如:现在的小苦,包括勤奋清苦地学习,错过一些好看的节目,放弃好玩的游戏,戒掉喜爱的篮球,每晚坚持长跑,把睡懒觉的时间用来锻炼身体,省下喝甜饮的钱买书,不跟同事聚在一起扯闲篇……将来的大苦,它包括住阴冷、狭小的房子,工作劳累却收入微薄,经过高级酒店的门口感到自卑,身体孱弱,无法和自己喜欢的人在一起,不敢奢言梦想,到老一事无成,后半生孤苦哀怨……现在的小乐,它包括打游戏获得短暂的快乐,看电影,博得女孩子欢心,听音乐,扔下工作睡懒觉,寻刺激,花钱买奢侈品,闲聊天,不珍惜身体地熬夜、喝酒,在同学面前炫耀游戏技巧"挣面子"……将来的大乐,它包括有优越的工作,住豪华的别墅,开着好车去旅游,父母亲人跟自己享福,与真正喜欢的人幸福地生活,有健康身体和健美身材,有能力保护自己和亲人不受伤害,快乐地度过后半生。

我们按照自己的个人情况完成这个表格,打印出来,贴在自己起床就能看到的地方,每天早晚各读一遍。读的时候纵向比较,你会发现吃小苦求大乐是值得的;横向比较,你会发现现在的小苦小乐都是微不足道的。每个失败者在他老了以后,都会后悔没有吃那个小苦而得到那个大快乐,因为他们通过比较发现自己当初太傻了,而我们要做的是现在就比较。每天早晨或者晚上,看这个表格来强化自己的这种思考方式。每当自己将要失去自制的时候,就拿眼前的小快乐和失去的将来的大快乐相比,拿眼前逃避的小痛苦和将来的大痛苦相比。久而久之就会像那些成功的人一样,能够在面对诱惑时聪明地思考、正确地取舍了。

二、强者刺激法

这种方法,需要你首先选定几个你认为已经很成功的人,比如比尔·盖茨、戴尔·卡耐基、松下幸之助、李嘉诚、李政道……总之是你崇拜的人,了解一下他们是怎么勤奋工作学习的,学他们是怎么经营自己的本领的。然后再来选定几个你熟悉的与你同一集体或同一行业的,并且已经取得令你们同类人羡慕的骄人成绩的"准成功者",回顾或观察一下他们是怎么做的。

现在你已经有了两类人的行为样本,第一类是已经成功的——你有可能成为的人,第二类是比较强的同类——你有可能要去竞争的人。把他们的行为列出来,能帮助你衡量该做什么:第一类人做什么,你就要做什么,因为他们那么做才成功,你要成功也要那么做;第二类人做什么,你起码要比他们做得多,因为不超过他们你就不能成功。同样需要你把这些结果统计出来,写在纸上,挂在墙上,每天加强意识,刺激自己做正确的事。长此以往,当自己正在享乐或准备去享乐的时候,你就会想到那些人正在干什么,你也就可以自觉取舍了。

三、不与无所事事的人交往

道理不言而喻,那应该与什么人交往呢?多与成功的人交往或与比你强的竞争对手交往。这个效果比把他们的行动列在墙上更有效,因为与他们交往的同时,你相当于在看这些人做亲身示范,不但激励你自制,还能教你怎么自制。他们能让你学到好习惯,同时在他们面前想必你不会表现坏习惯;并且你会发现跟他们相处,你还能学到很多知识,掌握很多信息,会很快乐。一段时间之后,你的缺点改掉了,而优点多了很多,整个人也进步了。

事实证明,这些人不论聪明与否,没有学习成绩差的,道理使然。但我们也不该轻易放弃朋友,我们可以互相帮助,共同进步。这样不但帮助了朋友,加深了友谊,同时督促别人是对自己最好的督促。

四、行为惯性法

陈佩斯和朱时茂曾经表演的一个小品《警察与小偷》,讲的是一个小偷穿上警服冒充警察,他从小羡慕警察,所以假冒警察的时候像真的警察那样去助人为乐,结果最后竟忘了自己其实是个小偷,还帮警察把自己的同伙给抓了。

当我们持续做正确事情的时候,我们的心智会受到潜移默化的影响;假如我们经常做一些需要自制力的事情,我们的自制力会自然地随之提高。这个原理可以用到自制力的培养上。比如我们给自己划定一个比较容易拿得出的固定的时间,规定在这个固定的时间内,只能做哪些事情。例如每天晚上十一点(睡觉前),喝一杯牛奶,这是很容易做到的,因为这原本也是一件美事,但当你把它假想成一个美丽的任务去严格执行时,你的头脑会渐渐变得愿意执行任务。而后把那个相对固定的时间表修改得更有难度一些,比如在那个目标持续一周以后,你开始给自己规定,每天晚上七点到七点半背单词,也会很好地执行。如此循序渐进,最终你会变得想到做到,能克服一切困难而彻底执行你的任何计划。但我们不该过于激进地把一天的大部分时间都用时间表框起来,那样的可操作性太差,反而会打击自制力。这是通过固定时间表利用行为惯性的方法。

我们还可以在我们的心态积极的时候(假如你有的话),多做几件需要自制力的事情,目的是让你适应克制自己欲望的那种感受。如同拳手训练防守时,肌肉经过击打后变得麻木一样,我们对欲望的忍耐会在这样的磨炼中得到加强,使得即使你处在并不是那么积极的心态时也能经受考验。这是在短时间内一次性地利用行为惯性的方法,你也可以自己发挥应用,但一定要注意可行性。

五、改掉一个坏习惯,养成一个好习惯

一个自制力不强的人会有很多抵制不了的诱惑,表现为很多不好的坏毛病,这时我们可以采用这个出自富兰克林的方法。富兰克林在他的《富兰克林自传》里提到了这种方法:他首先列出了最需要习得的 13 种美德,他认为要想习得这些美德,不可以立刻全面地去尝试,而是在一个时期内(比如一周内)集中精力掌握其中的一种美德。当我们掌握了那种美德之后,接着开始注意另外一种,而在一定时期内,也要注意应用前一两种美德的学习成果,这样下去直到 13 种都掌握为止。

因为先获得的一些美德可以便于其他美德的培养,所以他把 13 种美德按以下的顺序排列:

(1)节制。食不过饱,饮酒不醉。

(2)寡言。言必于人于己有益,避免无益的聊天。

(3)生活秩序。每样东西应有一定的安放地方,每件日常事务当有一定的时间去做。

(4)决心。当做必做,决心要做的事应坚持不懈。

(5)俭朴。用钱必须于人或于己有益,换言之,切戒浪费。

(6)勤勉。不浪费时间;每时每刻做有用的事,戒掉一切不必要的行动。

(7)诚恳。不欺骗人;思想要纯洁公正,说话也要如此。

(8)公正。不做损人利己的事,不要忘记履行对人有益又是你应尽的义务。

(9)适度。避免极端,人若给你应得的处罚,你当容忍之。

(10)清洁。身体、衣服和住所力求清洁。

(11)镇静。勿因小事或普通不可避免的事而惊慌失措。

(12)贞节。除了为了健康或生育后代起见,不常进行房事,切戒房事过度,伤害身体或损害你自己或他人的安宁或名誉。

(13)谦虚。仿效耶稣和苏格拉底。

富兰克林每日都检查自己的进步情况。他做了一个小册子,把每一种美德分配到一页,每一页用红墨水画成 7 列,也就是一周的 7 天;然后他把每一页再画成 13 行,也就是 13 种美德。每天检查时,若发现关注的那两三项美德有过失,则在对应的空格画一个黑点。

它的最突出优点是简易。画点的方法比每天写总结容易得多,因而容易坚持长久;直观的表格,使得一周之后总结起来简单到只要估计一下点数。

我们也可以把我们认为最重要的美德列出来,再看看我们的坏习惯违反了哪一种美德,在我们有针对性地学习好习惯的同时,注意改掉那个坏习惯。但我建议你先列出最重要的不超过十种，一年内你能学习五遍，一年之后再去学那些相对来说不那么重要的以进一步完善自己，这也符合了抓住重点的方法论。

其实这样的方法，准确地说是一个监督和审视自己的方法，因为不知道自己是进步还是退步地去学习，绝难取得最好的成绩。而在执行这个方法的时候，我们需要其他提高自制力方法的支持，因为对于一个自制力不强的人，要在一周内坚持一种美德也并不容易。

六、遭遇诱惑时充分预测其危害

有句话叫"如果准备做失败了，就是在为失败做准备"，准备好迎接困难是准备中的重要部分。我们前面说过，成功既包括人生的成功，也包括成功地做成一件不平凡的事情。不论哪种成功，都需要一些必备的品质，比如专注、勇敢、拼搏等。但在朝着这个目标去做的过程中，会有很多困难接踵而至。这些困难既包括外力的阻挠，也包括外力的诱惑，它们并不是很容易克服的。如果你在做事之初没有准备好，那么这样的突袭会很容易使你的意志溃不成军。所以在做每件事情之前，我们要充分预测可能遇到的阻碍和诱惑，并为之作好准备，想到应对的办法。

任何一个处于做事中的人，都知道做这件事是应该的，这时人们"趋乐避苦"的方法往往是给自己找个借口，我们封住了产生借口的可能，便是帮助自制力战胜诱惑。

七、遭遇诱惑时全局思考

通常当我们想去做一些不必要的事情寻求快乐的时候，为了让自己心安理得，我们会给自己找一些借口，这时我们应该做的是制止自己的借口。这些借口大部分都是过分强调即时性，实际上是有意识地过分夸大了那些看似紧急但毫无意义的事情。这时我们可以微笑着问自己："是不是借口？"然后我们从全局来考虑：我们是不是追求远大的目标，长久的快乐？我们的人生目标难道是看更多的精彩节目？这些即时的东西对我们有什么实质帮助？相比学习，如果去贪图眼前的小快乐，自己将会损失那个远处的大快乐，值不值？

有一种处理事务的方法是把事情分为四类：重要而紧急的，重要而不紧急的，不重要而紧急的，不重要不紧急的。我们要先做的是前两种，而不要被那些不重要但看似紧急的事情分散了注意力。

八、遭遇诱惑时自我暗示

成功学的核心就是意识和自制。为了提高自制，我们也可以运用意识，选择一个有利于自己的情境来自我暗示。比如当自己学了一会儿就感到静不下心时，闭上眼睛，调整呼吸，然后有意识地把自己学习一段时间后产生的厌倦情绪忘掉，暗示自己其实是刚刚学习，然后做出奋斗的表情开始继续学习。

总之，自制力是培养一切有利的意识与行动，消除不利的意识与行动的保障，是执行力极为重要的方面，培根说："一分克制，就是十分力量。"可见自制力的力量。上面的这些方法均基于心理学的原理，又具有很强的可操作性，因而一定能帮助大家提高自制力，成为一个意志强悍的人。

心灵悄悄话

一个追求成功的人，当他将自己最初的梦想和追求转化为生命中不可或缺的动力并在内心深处形成自我激励机制的时候，它所产生的伟大力量将出乎你的预料。

得过且过会消磨你的激情

"做一天和尚撞一天钟——得过且过",这是大家熟知的一句歇后语。然而,在很多企业和机关团体里,这句熟知的歇后语却演变成了很多人对待工作的消极心态,致使个人执行力低下,工作不见成效。所谓得过且过,就是面对一些费神的工作或者自己不喜欢的任务,就会容易产生拖延的心态,认为事情到了最后总会被解决,于是不到最后一刻绝对提不起精神来处理。

有一个小和尚在寺院担任撞钟之职,按照寺院的规定,他每天必须在早上和黄昏各撞钟一次。如此半年下来,小和尚感觉撞钟的工作极其简单,备感无聊,于是他就抱着"做一天和尚撞一天钟"的态度,应付差事。

一天,寺院住持忽然宣布要将他调到后院劈柴挑水,原因是他不能胜任撞钟之职。小和尚觉得奇怪,就很不服气地问住持:"难道我撞的钟不准时,不响亮?"

住持告诉他:"你的钟撞得固然准时,也很响亮,但是钟声空泛、疲软,没有感召力,因为你心中没有理解撞钟的意义。钟声不仅仅是寺里作息的信号,更为重要的是唤醒沉迷众生。因此,钟声不仅要洪亮,还要圆润、浑厚、深沉、悠远。一个人心中无钟,即是无佛;如果不虔诚,怎能担当撞钟之职?"

小和尚听后,面有愧色,无话可说,只好去劈柴挑水。

其实,在一些企业、政府机关里,类似小和尚的人是大有人在的。职场上有相当一部分人"做一天和尚撞一天钟",抱着混日子的态度来做事。

早晨的闹钟响了好多次,某公司的销售人员方军才从床上挣扎起来,一天的痛苦工作之旅就这样开始了。

早餐还没顾得上吃,方军便匆匆忙忙地赶往公司。跨入公司的大门时,他还是神情恍惚,坐在会议室睡意朦胧地听着领导布置工作。

上午,方军被安排拜访客户,但出去时却忘了带客户需要的资料,结果遭到拒绝和冷遇,一笔订单被他搞砸了。这时他的心情简直糟透了,好像世界末日就要来临似的。

下午,方军回到公司,懒懒地坐在办公桌前给客户打着回访电话,心里却想着下班去哪里消遣,晚饭吃些什么。下班时填工作报表,他胡乱地写上几笔,便飞奔出公司。就这样,方军一天的工作结束了。

一年 365 天,一天 24 小时,一小时 60 分钟……方军就这样做一天和尚撞一天钟,得过且过。他从不花时间学习,懒惰、思想消极,没有明确的目标和计划;从不反省自己一天做了些什么,有哪些经验、教训;从不认真研究自己的产品和竞争对手;从不用心去想一想在销售产品的过程中为顾客带来了什么样的服务和满足,顾客为什么会拒绝……这就是方军的真实工作写照。

到了月底结算工资,怎么这么少? 真没意思,看来该换地方了,于是方军非常牛气地炒了老板的鱿鱼。两年下来,他换了五六个公司。日复一日,年复一年,时间就这样流逝了。结果方军是"三个一工程":一事无成,一无所获,一穷二白!

什么样的心态造就什么样的人生,我们平时面对工作以什么样的心态去面对呢? 一种人认为是在为老板打工,得过且过,做一天和尚撞一天钟,完成自己的工作就行了,有这种思想的人的职业生涯相信也不会有大的进步;另一种是做事业的心态,不单单把工作看作一种职业,而是看作自己的事业,相信这种人在完成工作的同时自己也在不断取得进步。

某位人力资源专家说:"敲钟是小和尚的必修课,工作是企业员工的必修课,我们更应该深刻地反思我们为什么而工作? 究竟是为了薪酬、理想和抱负,还是为了自己和企业的未来而工作呢? 其实我们每个人不仅仅是为了自己的薪酬回报而努力,同时也是为了实现自己的理想,为了创造未来而努力。既然我们置身其中,那么就应该全力投入,就应该做好每一件事情。而绝对不应该以旁观者角色或是指指点点,或是牢骚满腹。"

我们每个人从事的工作其实就好比小和尚面前的钟,如何敲钟,如何干那份工作,大抵有三种态度:一是坐在钟前,人在心不在,想敲就敲,不想敲就不敲,属于自己的那一份工作,能混过去就尽量混,反正能拿到工资,不混白不混;二是人在神不在,每天按照规定,把钟敲响就行,把交给自己的任务草草完成就可以,至于质量如何,效果怎样不会想太多,任务之外的工作更是看不见,懒得去动;三是人在心也在,把钟敲好,敲得能唤醒沉迷的众生,也就是想办法把工作做到完美,达到"没有最好,只有更好",或者"努力超越、追求卓越"的程度,尽自己最大的努力,用自己的爱心、用自己的智慧把从事的工作干得很漂亮。

这三种表现里,我们当然最希望第三种能成为主流,因为只有这样,企业才能发展,民族才能兴旺,国家才能强盛起来。而要达到第三种境界,就需要让人人都能心中有"钟"!

尽管如今的竞争日趋激烈,但企业和组织机关里仍会有这样一些员工,他们对待自己的工作总是不能尽职尽责,而是抱着"混"的态度。得过且过,做一天和尚撞一天钟,上一天班拿一天工资,这样的打工仔心态,你真能"混"得下去吗?

试想,一个人抱着"混"的态度,如果让他去做一线工人,他一定得过且过、粗制滥造,做出的产品即使暂时合格,也不会是精品,这与企业的宏伟目标是格格不入、水火不容的。如果让他去看大门,他一定萎靡不振,绝对不能代表企业形象。这样的人面临的命运就是下岗。

美国通用电气公司前首席执行官杰克·韦尔奇以优胜劣汰的原则把通用电气打造成著名的人才工厂。他曾经说,在一个卓越的企业里,有20%的人是卓越的,有70%的人是合格的,还有10%的人是一定要淘汰的。杰克·韦尔奇这样解释道,如果这10%的人不拿掉,对那20%的卓越人员和70%的合格人员是不公平的。他说的这10%的人就是那些抱着"混"的心态而又碌碌无为的人。杰克·韦尔奇认为,让一个抱着"混"的心态的人下岗,不仅对企业有百利而无一害,而且对其本人也有一定的帮教作用。只有让他下岗或培训改造,他才可能真正意识到人为什么活着,人活着的真正意义是什么,他才可能摒弃打工心态,树立起主人翁的意识,提高自己的敬业精神。因此奋发图强、振作精神、务实谦学、追求进步、增长才华,做一个有用的人。

那些得过且过,做一天和尚撞一天钟的人,固然对企业和老板是一种损害,但长此以往,无异于降低自己的价值,使自己的生命枯萎,将自己的希望断送,使自己维持在一种低档次的生活水平上,过着一种庸庸碌碌、牢骚不断的生活,并因此而埋没了自己的才能,湮没了生命应该有的创造力。

因此,无论你从事什么工作,都要从根本上去除得过且过,做一天和尚撞一天钟的心态,以高度责任感和主人翁精神去热爱自己的工作,扎实工作。一个有主人翁精神的员工,站在一群得过且过的员工中间,自然鹤立鸡群,自然会得到重视,受到老板的重用并得到提拔。这也是我们走向成功的关键一步。

心灵悄悄话

　　在博通的墓碑上,有这样一段墓志铭:"我尝试过,但失败了。我一再尝试,终于成功。"这正是对他一生的总结,这对每个渴望成功的人也是一种激励。

心动决定行动

　　心动决定你行动的方向,在追求事业的过程中,如果没有一个高远的目标,那你永远也不可能展翅高飞;如果你心动的方向在高空,你将永远是只搏击长空的雄鹰。想象你正攀越心中的山脉,想象你正冲过终点。这些设想好像很不实在,但却往往能增加你的耐力,使你百折不挠,继续向理想迈进。

　　一个成功者应该如此:**莫让自己的梦想因别人的几句冷言冷语而熄灭。**安于现状,只会使你丧失获得更卓越成就的能量。只要能够朝着心动的方向大胆地迈进,只要你的眼光看得够远,你就一定能真正飞起来。

　　所以,怀抱美好的梦想,保持自己的主见和自信,你必能在将来有所作为。

　　长安街素有"中国第一街"之称,在中国国民心中,它是伟大首都的象征,也是中国政府重要机关的所在地,更因其拥有王府井、西单等著名商业街而享誉全世界。然而,有谁能够想到就在这重中之重、寸土寸金之地,却被一个从香港回内地来的女性看中了,她就是 2003 年中国内地《福布斯》财富排行榜第五名的陈丽华女士。20 世纪 90 年代,陈丽华带着她在香港采到的第一桶金回到北京,做出了一个让人瞠目的决定,她要在长安街上建造一个豪华俱乐部。当她将这个想法告诉亲朋好友时,得到的回答是:"不可能。"

　　陈丽华说:"当时我一说要做长安俱乐部,很多朋友都说,丽华你可做不了。"但陈丽华没有放弃这个让她"心动"的想法,而是开始认真地将它付诸实施。

　　长安俱乐部地处长安街黄金地段,毗邻天安门广场,是陈丽华自香港转战内地投资的第一个房地产项目。总投资 4.5 亿元。在长安街上做一个俱乐部，陈丽华当时显然只考虑到了这条街的寸土寸金，却没有过多地考虑施工的难度。

陈丽华说："当时我向很多人咨询，怎么做？要做到什么标准？要慢还是要快？可现实情况是，在举办亚运会前不能开工，亚运会结束了还是不让开工。开不了工，这块地等于白拿。当时我资金有限，这又是我在北京的第一个投资项目。亚运会结束有一年多了，领导还是不让开工。"

1993年，陈丽华拿到这块地的第四年，长安俱乐部终于开工了。陈丽华将积聚了四年的力量全部投入到工程上，她亲自带领施工队不分昼夜地开始干，铲土、装车她样样都干。一年后，陈丽华在长安街上完成了她的第一部作品——长安俱乐部。

陈丽华成功了，值得玩味的是，10多年来，陈丽华接揽的地产项目个个都是寸土寸金的黄金地段，个中玄机谁人能参破？陈丽华淡淡地一笑："一是靠朋友帮忙。很多人都问我经商的诀窍，我说很简单，诚实、信用第一，真心实意地交朋友；二是想到了就做，要做就做好。"

心灵悄悄话

　　"想到了就做，要做就做好"。从陈丽华的言语和故事中我们看到一个成功的人除了有超人的胆识之外，还得有积极投入行动的勇气，把心动的想法通过实际的行动去完成。

第七篇

将创新付诸行动

追求创新的乐趣,追求执行的乐趣。领导的任务是为团队服务,并让你周围的人成为最好的创新者和执行者。

只有改革,才有活力;只有创新,才有发展。在竞争日益激烈、变化日趋迅猛的今天,创新和应变能力已成为推进发展的核心要素。因此,要提升执行力,就必须充分发挥主观能动性,创造性地开展工作。在日常工作中,我们要敢于突破思维定式和传统经验的束缚,不断寻求新的思路和方法,使执行的力度更大、速度更快、效果更好。

开发思维资源提升执行力

思维是人类最宝贵的一种资源,开发创新思维,可以有力地促进执行力的提升。心理学家与哲学家都认为,思维是人脑经过长期进化而形成的一种特有的机能,并把思维定义为"人脑对客观事物的本质属性和事物之间内在联系的规律性所作出的概括与间接的反应"。我们所说的思维方法就是思考问题的方法,是将思维运用到日常生活中,用于解决问题的具体思考模式。

我们说,思路决定出路。因为思维方法不同,看问题的角度与方式就不同;因为思维方法不同,我们所采取的行动方案就不同;因为思维方法不同,我们面对机遇进行的选择就不同;因为思维方法不同,我们在人生路上收获的成果就不同。

有这样一个小故事,希望能对大家有所启发:

两个乡下人外出打工,一个打算去上海,一个打算去北京。可是在候车厅等车时,又都改变了主意,因为他们听邻座的人议论说,上海人精明,外地人问路都收费;北京人质朴,见吃不上饭的人,不仅给馒头,还送旧衣服。欲去上海的人想,还是北京好,赚不到钱也饿不死,幸亏车还没到,不然真是掉进了火坑;欲去北京的人想,还是上海好,给人带路都挣钱,还有什么不能赚钱的呢? 我幸好还没上车,不然就失去了一次致富的机会。

于是,两个乡下人在退票处相遇了。原来要去北京的得到了去上海的票,欲去上海的得到了去北京的票。去北京的人发现,北京果然好,他初到北京的一个月,什么都没干,竟然没有饿着。不仅银行大厅的纯净水可以白喝,而且商场里欢迎品尝的点心也可以白吃。去上海的人发现,上海果然是一个可以发财的城市,干什么都可以赚钱,带路可以赚钱,开厕所可以赚钱,弄盆凉水让人洗脸也可以赚钱。只要想办法,花点力气就可以赚钱。

凭着乡下人对泥土的感情和认识,他从郊外装了10包含有沙子和树叶的土,以"花盆土"的名义,向不见泥土又爱花的上海人出售。当天他在城郊间往返六次,净赚了50元钱。一年后,凭"花盆土",他竟然在大上海拥有了一间小小的门面房。在长年的走街串巷中,他又有一个新发现:一些商店楼面亮丽而招牌较黑,一打听才知道是清洗公司只负责洗楼而不负责洗招牌的结果。他立即抓住这一空当,买了梯子、水桶和抹布,办起了一个小型清洗公司,专门负责清洗招牌。如今他的公司已有150多名员工,业务也由上海发展到了杭州和南京。

不久,他坐火车去北京考察清洗市场。在北京站,一个捡破烂的人把头伸进卧铺车厢,向他要一个啤酒瓶,就在递瓶时,两人都愣住了,因为五年前他们曾经交换过一次车票。

我们常常感叹:面对相同的境遇,拥有相近的出身背景,持有相同的学历文凭,付出相近的努力,为什么有的人能够脱颖而出,而有的人只能流于平庸?为什么有的人能够飞黄腾达、演绎完美人生,而有的人只能一败涂地、满怀怨恨而终?

我们不得不说:**这些区别和差距的产生,恰恰就在于思维方法导致的执行力高低的不同。执行力高的人之所以成功,是因为他们掌握并运用了正确的思维方法。**

正确的思维方法可以为人们提供更为准确、更为开阔的视角,能够帮助人们洞穿问题的本质,把握成功的先机。而失败的人之所以失败,是因为他们不善于改变思维方法,陷入了思维的误区和解决问题的困境,就像一位工匠雕琢一件艺术品时选错了工具,最后得到的必然不会是精品。

创新思维和提高执行力相结合

创新思维是一个单位发展的不竭源泉,执行力是单位发展的根本保证。可以将创新思维和执行力看作单位发展前行的两个车轮,相辅相成,缺一不可。每一个目标的实现,既需要创新能力,又需要高质量的执行力。因此,正确认识二者关系,切实增强创新能力,提高执行力,是一个人(自然也包括群体合作的单位)发展的必然选择。

创新思维和执行力是我们做好各项工作的两大法宝,创新思维和执行力要相互渗透,有机结合。创新思维需要执行力来实现,同时高质量的执行力也充满着创新的思维,这就是创新思维和执行力的辩证法。

一方面,创新思维是提高执行力的灵魂。没有创新思维,执行力便会成为复印机、传声筒,陷入教条主义、生搬硬套的泥潭,失去了前进的动力和方向。

另一方面,提高执行力是保持创新活力的关键。没有执行力,再宏伟的蓝图也只是一纸空文,再正确的决策也会化为空中楼阁,再严谨的计划都会变成纸上谈兵。

西晋时期,士大夫崇尚清谈,坐而论道,提出了许多具有合理性的设想和建议。但是,由于缺乏执行的机制,缺乏执行的氛围,缺乏抓落实和执行的官员,许多好的主张最后只能成为士大夫们酒后茶余高谈阔论、附庸风雅的话料,晋朝也在美好的空谈中迅速地灭亡。

如果不想让好的想法、好的思路、好的规划被束之高阁,变成毫无意义的空想和空谈;不想让看起来必胜无疑的决策却因为行动不力而付之东流;不想让创造性的计划和行动方案无果而终,半路夭折——这都需要我们以严格高效的执行力去实现。

为此,**要树立一种敢为人先、勇于突破常规的创新意识;树立一种坚决执行、积极主动执行的执行意识;树立一种在执行的过程中创新,创新地去执行的全局意识。**

心灵悄悄话

> 能力不必多,生命有限,每个人的学习能力也有限,我们没有办法把所有的事情都揽在身上。我们只要能尽情发挥自己唯一的天分与能力,自然就能把自己生命中最好的部分呈现出来。

思维的转换给你别样的人生

美国天文学家巴布科克说:"**最常见同时也是代价最高昂的一个错误,就是认为成功依赖于某种天才、某种魔力,某些我们不具备的东西。**"成功的要素其实掌握在我们自己手中,那就是正确的思维。一个人能飞多高,并非由人的其他因素,而是由他自己的思维所制约。

下面有这样一个故事,相信对大家会有启发:

一对老夫妻结婚50周年之际,他们的儿女为了感谢他们的养育之恩,送给他们一张世界上最豪华客轮的头等舱船票。老夫妻非常高兴,登上了豪华游轮。真的是大开眼界,可以容纳几千人的豪华餐厅、歌舞厅、游泳池、赌厅等应有尽有。唯一遗憾的是,这些设施的价格非常昂贵,老夫妻一向很节省,舍不得去消费,只好待在豪华的头等舱里,或者到甲板上吹吹风,还好,来的时候他们怕吃不惯船上的食物,带了一箱泡面。

乘坐游轮的旅程要结束了,老夫妻商量,回去以后如果邻居们问起来船上的饮食娱乐怎么样,他们都无法回答,所以决定最后一晚的晚餐到豪华餐厅里吃一顿,反正最后一次了,奢侈一次也无所谓。他们到了豪华的餐厅,烛光晚餐,精美的食物,他们吃得很开心,仿佛找到了初恋时候的感觉。晚餐结束后,丈夫叫来服务员要结账。服务员非常有礼貌地说:"请出示一下您的船票。"丈夫很生气:"难道你以为我们是偷渡上来的吗?"说着把船票丢给了服务员,服务员接过船票,在船票背面的很多空栏里画去了一格,并且十分惊讶地说:"二位上船以后没有任何消费吗? 这是头等舱船票,船上所有的饮食、娱乐,包括赌博筹码都已经包含在船票里了。"

这对老夫妇为什么不能够尽情享受? 是他们的思维禁锢了他们的行为,他们没有想到将船票翻到背面看一看。我们每一个人都会遇到类似的经历,总是死守着现状而不愿改变。就像我们头脑中的思维方式,一旦哪一种观念占据了上风,便很难改变或不愿去改变,导致做事风格与方法没有半点变通的余地,最终只能将自己逼入"死胡同"。

如果我们能够像下面故事中的比尔一样,适时地转换自己的思维方法,就会使自己的思路更加清晰,视野更加开阔,做事的方法也会灵活,自然就会取得更优秀的成就。**从某种程度上讲,改变了思维,人生的轨迹也会随之改变。**

从前有一个村庄严重缺少饮用水,为了根本性地解决这个问题,村里的长者决定对外签订一份送水合同,以便每天都能有人把水送到村子里。艾德和比尔两个人愿意接受这份工作,于是村里的长者把这份合同同时给了这两个人,因为他们知道一定的竞争将既有益于保持价格低廉,又能确保水的供应。

获得合同后,比尔就奇怪地消失了,艾德立即行动了起来。没有了竞争使他很高兴,他每日奔波于相距1000米的湖泊和村庄之间,用水桶从湖中打水并运回村庄,再把打来的水倒在由村民们修建的一个结实的大蓄水池中。每天早晨他都必须起得比其他村民早,以便当村民需要用水时,蓄水池中已有足够的水供他们使用。这是一项相当艰苦的工作,但艾德很高兴,因为他能不断地挣到钱。

几个月后,比尔带着一个施工队和一笔投资回到了村庄。原来,比尔做了一份详细的商业计划,并凭借这份计划书找到了四位投资者,和他们一起开了一家公司,并雇用了一位职业经理。比尔的公司花了整整一年时间,修建了从村庄通往湖泊的输水管道。

在隆重的贯通典礼上,比尔宣布他的水比艾德的水更干净,因为比尔知道有许多人抱怨艾德的水中有悬浮颗粒。比尔还宣称,他能够每天24小时、一星期七天不间断地为村民提供用水。而艾德却只能在工作日里送水,因为他在周末同样需要休息。同时比尔还宣布,对这种质量更高、供应更为可靠的水,他收取的价格却是艾德的75%。于是村民们欢呼雀跃、奔走相告,并立刻要求从比尔的管道上接水龙头。

为了与比尔竞争,艾德也立刻将他的水价降低到75%,并且又多买了几个水桶,以便每次多运送几桶水。为了保证水的干净,他还给每个桶都加上了盖子。用水需求越来越大，艾德一个人已经难以应付，他不得已雇用了员工，可又遇到了令他头痛的工会问题。工会要求他付更高的工资、提供更好的福利，并要求降低劳动强度，允许工会成员每次只运送一桶水。

此时，比尔又在想，这个村庄需要水，其他有类似环境的村庄一定也需要水。于是他重新制订了他的商业计划，开始向其他的村庄推销他的快速、大容量、低成本并且卫生的送水系统。每送出一桶水他只赚1便士，但是每天他能送几十万桶水。无论他是否工作，几十万人都要消费这几十万桶的水，而所有的这些钱最后都流入到比尔的银行账户中。显然，比尔不但开发了使水流向村庄的管道，而且开发了一个使钱流向自己钱包的管道。

从此以后，比尔幸福地生活着，而艾德在他的余生里仍拼命地工作，最终还是陷入了"永久"的财务问题中。

比尔之所以能获得成功，就在于他懂得及时转变思维。当得到送水合同时，他并没有立即投入到挑水的队伍中，而是运用他的系统思维将送水工程变成了一个体系，在这个体系中的人物各有分工，通力协作。当这一送水模式在该村庄获得成功后，比尔又运用他的联想思维与类比思维，考虑到其他的村庄也需要这种安全、卫生、方便的送水服务，更加开拓了他的业务范围。比尔正是运用了巧妙的思维达到了"巧干"的结果。

转换思维是所有人所追求的一种理想化的状态，这主要在于每个人的大脑资料储存量和运算速度，就好比计算机的处理器芯片，首先要往计算机里输入更多的资料这是前提，其次是处理器运算速度要快，才能在第一时间内有效地搜索到你储存的资料并能合理地应用。

要想转换思维，首先要不断地学习和吸收各方面的资料，做到最大的资料储存量，这是前提；第二要不断地整理和归类大脑里所储存的资料，以便可以最快速度找到和应用；第三就是提高自己的胆量，打破常规的界限，通俗点说就是想常人不敢想，做常人不敢做的，但是前提是要对自己有充分把握的情况下。

思路决定出路，思维改变人生。拥有正确的思维，运用正确的思维，灵活改变自己的思维，才能使自己的路越走越宽，才能使自己的成就越来越显著，才能演绎出更加精彩的人生画卷。

思路就是这样转换的

有这样一个故事：一家有父子两人。一天早晨，父亲派儿子去城里打酒。儿子走到城门口，跟正在出城门的人相遇了。两个人互不相让，一直站到中午。

家中的父亲见儿子迟迟不归，便前去寻找。他到了城门口，了解了情况后，便对儿子说："你先回去吃午饭，让我来替你站着。"

故事中的父子俩人真够执着的，执着得退后一步都不肯，让人既觉着好笑，又觉着好气。

事实上，生活中也可见这样的人，思维一根筋，碰到南墙也不知道转向。这种一根筋的思维方式对工作任务的落实是有很大制约作用的。

在落实工作任务的过程中，人们遇到困难，应该坚持不懈，有韧劲，不达目的决不罢休。但有韧劲，并非是要在一棵树上吊死，而应该学会转换思路，转向思考。

所谓转向思考，就是在思考问题，在一个方向上受阻时，换一个路径来思考问题。这就是"打得赢就打，打不赢就走"，或者说是"换一个地方打井"。

"换一个地方打井"的意思非常明确，就是在碰到难以解决的问题时，不要一条道走到黑，要学会转换思路。思路一变，问题就可能迎刃而解。

转向思考是帮助人们跳出思维框框，寻求问题解决之道的有效方式。它的实现形式主要有以下几种：

一、角度转换

所谓角度转换，就是换一个角度来思考问题。不同的思考角度，会有不同的思考结果。请看下面的故事：

一天，富翁走进纽约花旗银行的贷款部。他大模大样地坐了下来。

贷款部经理赶忙上前招呼："先生，有什么事情需要我的帮助吗？"

"噢,我想借些钱。"

"好啊,你要借多少?"

"一美元。"

"只需一美元?"

"是的,只借一美元,可以吗?"

"当然可以,不过您这样的绅士,只要有担保,多借一点也可以。"

"那这些担保可以吗?"富翁说着,从精致的皮包里取出一大堆珠宝堆在柜台上。

"喏,这是价值 50 万美元的珠宝,够吗?"

"当然,当然! 不过,你只借一美元?"

"是的。"富翁接过一美元,准备离开银行。

一直在旁边观看的银行行长此时有点糊涂了,他怎么也弄不明白这位先生为什么抵押 50 万美元,却借一美元。

他急忙追上前去,对富翁说:"先生,请等一下,我想知道你有价值 50 万美元的珠宝,为什么却只借一美元呢? 假如你想借 30 万、40 万美元的话,我们也会考虑的。"

"啊,是这样的:我来贵行之前,问过好几家金库,他们保险箱的租金都很昂贵,而作为借债抵押却很便宜,一年才 6 美分。"

不同的角度产生了不同的结果。放到金库存放,要花昂贵的保险费用,而借债抵押,一年只需要六美分。

二、要素转换

任何事物都是由各种不同的要素构成的。我们在遇到某些难以解决的问题时,不妨采取一些措施,来改变事物所包含的某一或某些要素,让事物发生符合"落实"需要的变化。这就是我们所说的要素转换思维方式。下面的故事形象地诠释了这种方法的功用:

在第二次世界大战期间,一艘满载军用物资的轮船,秘密地从日本某港口开出。

这艘货轮要经由上海、福州、广州,再经过马六甲海峡,驶向泰国,然后去缅甸,给那里的日军提供给养。

这艘货轮装的是从我国东北三省掠夺去的大豆。我抗日组织得知情报,立即指示我方特工人员要想方设法将这艘货轮在大海中炸沉。

　　我方特工人员接到指示,想办法混进了日本货轮。结果,他们没费一枪一弹,就将日本货轮给"炸沉"了。

　　原来,他们运用要素转换的思维方式,在大豆的性质上做文章。他们偷偷地向装满大豆的货仓灌水,让大豆膨胀,从而改变了大豆的性质要素:原来存放的是干燥的大豆,现在存放的是浸泡的大豆。

　　大豆经水浸泡,迅速膨胀,货舱的压力不断增大,最后,造成货舱爆裂,货轮沉入大海。我方特工人员成功地落实了上级的指示,完成了工作任务。

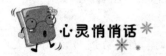

　　我们当然应该保持虚心求教的态度,但我们也应该谨慎保持清醒的头脑,对所得的答案重新整理一遍,去芜存菁,只取自己需要的;问对问题可以一针见血破解迷津、豁然开朗,倘若问错问题而得到错误的答案,损失可就惨重了。

创新就是敢为天下先

谈到创新,人们会格外关注这个"新"字。既是创新,就应该有一些新想法、新举动,哪怕这是前人所不曾有的意念与行为。**善于运用创新思维的人就要有"吃第一只螃蟹"的勇气,有"敢为天下先"的魄力。**

尤伯罗斯就是这样一位"敢为天下先"的创新思维运用者。

1984 年以前的奥运会主办国,几乎是"指定"的。对举办国而言,往往是喜忧参半。能举办奥运会,自然是国家民族的荣誉,也可以乘机宣传本国形象,但是以新场馆建设为主的巨大硬件软件的投入,又将使政府负担巨大的财政赤字。1976 年加拿大主办蒙特利尔奥运会,亏损 10 亿美元,预计这一巨额债务到 2003 年才能还清,1980 年,苏联莫斯科奥运会总支出达 90 亿美元,具体债务更是一个天文数字。奥运会几乎成了为"国家民族利益",为"政治需要"而赔本已成奥运会定律。

直到 1984 年的洛杉矶奥运会,美国商界奇才尤伯罗斯接手主办奥运,他运用其超人的创新思维,改写了奥运经济的历史,不仅首度创下了奥运史上第一笔巨额赢利纪录,更重要的是建立了一套"奥运经济学"模式,为以后的主办城市如何运作提供了样板。从那以后,争办奥运者如过江之鲫。因为名利双收是铁定的,借钱也得干。

寻求创新,首先是从政府开始的。鉴于其他国家举办奥运会的亏损情况,洛杉矶市政府在得到主办权后,马上作出一项史无前例的决议:第 23 届奥运会不动用任何公用基金,因此而开创了民办奥运会的先河。

尤伯罗斯接手奥运之后,发现组委会竟连一家皮包公司都不如,没有秘书、没有电话、没有办公室,甚至连一个账号都没有。一切都得从零开始,尤伯罗斯决定破釜沉舟,他将自己旅游公司的股份卖掉,开始招募雇用人员,然后以一种前无古人的创新思维定了乾坤：把奥运会商业化，进行市场运作。

于是一场轰轰烈烈的"革命"就此展开。洛杉矶市长不无夸耀地评价说："尤伯罗斯正在领导着第二次世界大战以来最大的运动。"

第一步是开源节流。尤伯罗斯认为，自1932年洛杉矶奥运会以来，规模大、虚浮、奢华和浪费已成为时尚。他决定想尽一切办法节省不必要的开支。首先，他本人以身作则不领薪水，在这种精神感召下，有数万名工作人员甘当义工；其次，沿用洛杉矶既有的体育场；再次，把当地三所大学的宿舍作为奥运村。仅后两项措施就节约了数以十亿计的美金。点点滴滴都体现其创新思维的功力与胆识。

第二步是声势浩大的"圣火传递"活动。奥运圣火在希腊点燃后，在美国举行横贯美国本土的圣火接力。用捐款的办法，谁出钱谁就可以举着火炬跑上一程。全程圣火传递权以每千米3000美元出售。尤伯罗斯实际上是在拍卖百年奥运的历史、荣誉等巨大的无形资产。

第三步是狠抓赞助、转播和门票三大主营收入。尤伯罗斯出人意料地提出，赞助金额不得低于500万美元，而且不许在场地内包括其空中做商业广告。这些苛刻的条件反而刺激了赞助商的热情。尤伯罗斯最终从150家赞助商中选定30家。此举共筹到1.17亿美元。

最大的收益来自独家电视转播权转让。尤伯罗斯采取美国三大电视网竞投的方式，结果，美国广播公司以2.25亿美元夺得电视转播权。尤伯罗斯首次打破奥运会广播电台免费转播比赛的惯例，把广播转播权卖给美国、欧洲及澳大利亚的广播公司。

门票收入，通过强大的广告宣传和新闻炒作，也取得了历史上的最高水平。

第四步是出售以本届奥运会吉祥物山姆鹰为主的标志及相关纪念品。结果，在短短的十几天内，第23届奥运会总支出5.11亿美元，赢利2.5亿美元，是原计划的10倍。尤伯罗斯本人也得到4.75万美元的红利。在闭幕式上，国际奥委会主席萨马兰奇向尤伯罗斯颁发了一枚特别的金牌，报界称此为"本届奥运会最大的一枚金牌"。

尤伯罗斯的举措体现了几方面的突破：一是改变了奥运会由举办国政府埋单的惯例，将奥运会转为商业化运作；二是与商业界、广播电台等打造

了双赢的局面；三是开发了奥运会附属商品，如纪念品等。而这些，在历届奥运会的举办历史上都是不曾有的。

尤伯罗斯以创新的思维实现了对旧模式的突破。而创新又无一例外地是建立在打破旧观念、旧传统、旧思维、旧模式的基础之上的。只有跳出传统的思维束缚圈，敢于想别人没有想过、做别人没有做过的事情，才能开拓自己的思路，创新自己的方法，找到解决问题的最佳途径。尤伯罗斯做到了这一点，他无疑是一个成功者。

新的事物永远是有活力的，创新思维就是要为自己的发展寻求并注入活力，培养创新思维就要敢为天下先，要敢于走别人没走过的路，要敢于在竞争中拼抢先机。唐朝杨巨源有诗："诗家清景在新春，绿柳才黄半未匀。若待上林花似锦，出门俱是看花人。"在此借来一用。如果做不到巧妙运用创新思维，做不到不断创新，总是跟在别人屁股后面跑，那么，你就只能去做那"看花人"，去欣赏别人栽种出的"上林花"了。

心灵悄悄话

> 一心一意地干自己认定的事情，不要分神，不要像小猫钓鱼一样，否则什么事也干不成。记住，太阳光的温度再高，也不能将地球表面上的物体点燃。然而，用放大镜就可做到，把所有的光线聚于一点，纸就会燃烧起来，我们做事亦是同理。

善于思考才能解决问题

　　执行贵在创新，只有创新，我们才能创造性地开展工作，才能找到解决问题的有效方法，才能把工作真正落到实处。

　　国外有这样一句谚语："**用脚走不通的路，用头可以走得通。**"这就是说，遇到难以解决的问题，只要善于思考，就能找到解决问题的方法。

　　思考是进行比较深刻、周到的思维活动。它是我们在落实工作任务的过程中走向成功的必备条件。

　　在工作任务落实的过程中，如果我们遇到了"南墙"，用"脚"走不通，就应该进行"心灵远足"，用思考的方法来解决疑难问题。

　　事实上，一个人用"头"的时间越多，他用"脚"的时间可能就越少。古希腊著名思想家毕达哥拉斯就强调，思而后行，以免做出愚蠢的事。

　　所以，有人说："**一天周到思考，胜过百天徒劳。**""**行成于思，而毁于随**""**磨刀不误砍柴工**"，讲的都是这个道理。因此，落实，必须提倡心灵远足，多思考。

　　一、多思出智慧

　　常言说："愚者千虑，必有一得。"即使是再愚笨的人，只要他能够多思考问题，也总会想出一点办法的。

　　生物进化论揭示，人体器官具有"用进废退"的基本规律。经常思考问题的人，会变得睿智、聪慧。而怕动脑筋、思想慵懒的人，则会变得愚笨，成为庸人。

　　二、多思出能力

　　工作任务能否有效落实，疑难问题能否有效解决，与任务承担者的能力、素质有着直接的关系。

　　解决问题能力强的人，思路开阔。遇到问题，总能想方设法予以解决。而要提升这种解决问题的能力，思考是一条重要的途径。

　　钱学森在北京师大附属小学读书的时候，最爱和同学们玩投掷飞镖的游戏。他折的飞镖飞得又稳又远。小伙伴们又羡慕又惊奇，以为这里边有什么"鬼"。自然课老师便让钱学森向同学们讲出其中的奥秘。

　　钱学森说："我的飞镖没有什么秘密，只是经过多次失败之后一步一步改得好起来。我的飞镖用的纸比较光。头不能做得太重，也不能太轻，否则就飞不起来；翅膀也不能叠得太小，也不能太大，否则就飞不稳也飞不远。这是我多次实验悟出来的道理。"

　　听了钱学森的话，自然课老师对同学们说："钱学森爱动脑子，从实验中摸索出了折叠飞镖的方法。把飞镖折得规整，叠得有棱有角，就可以保持平衡，减少空气阻力，巧妙地借助风力和浮力，这样飞镖就飞得又稳又远了。"

　　成功的创造来自成功的思考。钱学森的飞镖之所以能飞得又稳又远，就在于他制作飞镖前，进行了成功的思考。不仅如此，每一次失败又都是他思考的起点。通过不断的思考，他终于制作出了让同学们羡慕的飞镖。

　　三、多思出灵感

　　灵感不是从天上掉下来的，而是不懈探求、勤于思考的结果。正如著名数学家华罗庚所说："如果说，科学上的发现有什么偶然的机遇的话，那么，这种'偶然的机遇'只能给那些学有素养的人，给那些善于独立思考的人，给那些具有锲而不舍的精神的人，而不会给懒汉。"

　　发明速算法的史丰收，从小就爱动脑筋，经常有一些不同于他人的独立见解。

　　史丰收在上小学二年级时，他看老师在黑板上演算，便产生了一个想法：做算术题能否从左向右，从高位算起呢？他开始探索这个问题，经过十多年的刻苦研究，他终于创造出了13位数以内加减乘除和开方、平方的速算法。

　　史丰收的创造发明，就得益于他的独立思考。他不迷信、不盲从，善于独立思考。正是因为这种禀性，使得他成了速算法的发明者。

　　思考有助于提升能力，解决问题。但这种思考不是浅尝辄止的思考，而是深层次的思考。如果缺乏深层次的思考，即使你走到了解决问题的边缘，但你依然不能最终解决问题。

实践证明，能最终有效地解决问题的人，都是善于深层次思考问题的人。

班廷是胰腺素的发现者。胰腺素的发现得益于他能够深层次地思考问题。早在班廷之前，有人就已经发现把狗的胰腺切除，狗就会得糖尿病。这个发现还被记载在 1898 年的医学杂志上。然而他们没有再进一步思考为什么会是这样。

可是，加拿大医生班廷读了这个记载后却开始思考：胰腺里可能会有一种物质，控制动物包括人的血液中糖的含量，那么这是什么物质？怎么提取？班廷动起脑筋来。经过实验，他终于发现了医学史上和生物学史上很重要的胰腺素。叩诊是医生诊病的一种重要方法。这种方法是奥地利医生布鲁格发明的。

布鲁格的父亲是一位卖酒的商人，为了判断高大的酒桶里是否还有酒，他总是用手在桶外敲敲，然后由声音判断桶里还有多少酒，是满桶还是空桶。看着父亲的做法，布鲁格陷入了深思：人的胸腔和腹腔不也像只桶吗？既然父亲敲酒桶就能知道酒的多少，那么，医生敲敲病人的胸腔、腹腔，并认真倾听，不就可以由声音判断他的病情了吗？于是，他认真钻研，终于发明了叩诊这种重要的诊病方法。

见过敲酒桶的人绝不仅仅是布鲁格一人，但发明叩诊这种重要的诊病方法的人，却只有布鲁格一人。

别人见了敲酒桶这种行为也就是一见了之，但布鲁格则能深入地思考。正是这种思考，使布鲁格成为叩诊的发明者。

心灵悄悄话

我们通常都会犯同一个错误——在同一面墙上撞来撞去，直到撞得头破血流。从相反的角度去关照你所要解决的问题，你也许会找到你想要的答案。人们常常被假象所迷惑，你要睁开你的第二只眼睛。第二只眼的意义就在于不为第一印象迷惑，不急于下结论，凡事都要经过认真思考。

拓宽思路才能有新突破

我们常说"机遇只偏爱有准备的头脑",何谓有准备呢?

过去,"有准备"指的是知识储备,但在以创新制胜的今天,光有知识储备是远远不够的,还需要创新思维与创新能力。运用创新思维产生了好的创意,就能够比别人更好地把握住机会,甚至可以创造机会,走向成功。

所谓创意,**就是拓宽思路,不断创造新点子,想人之所未想,为人之所不能为,从而以新、以奇取胜,用常规思维逻辑之外的想法赢得成功和收获**!

下面这个故事的主人翁就是利用独特的创意在竞争中赢得机会的。

有家大型广告公司招聘高级广告设计师,面试的题目是要求每个应聘者在一张白纸上设计出一个自己认为是最好的方案,没有主题和内容的限制,然后把自己的方案扔到窗外。谁的方案最先设计完成,并且第一个被路人捡起来看,谁就会被录用。

设计师们开始了忙碌的工作,他们绞尽脑汁地描绘着精美的图案,甚至有的人费尽心思画出诱人的美女。

就在其他人正手忙脚乱的时候,只有一个设计师非常迅速、非常从容地把自己的方案扔到了窗外,并引起路人的哄抢。

他的方案是什么呢?原来,他只是在那张白纸上贴上了一张面值100美元的钞票,其他的什么也没画。就在其他人还冥思苦想的时候,他就已经稳坐钓鱼台了。

彼得也是靠自己的创意得到加薪的机会的。

彼得和查理一起进入一家快餐店,当上了服务员。他俩的年龄一般大,也拿着同样的薪水,可是工作时间不长,彼得就得到老板的嘉奖,很快加了薪,而查理仍然在原地踏步。面对查理和周围人的牢骚与不解,老板让他们站在一旁,看看彼得是如何完成服务工作的。

在冷饮柜台前，顾客走过来要一杯麦乳混合饮料。

彼得微笑着对顾客说："先生，您愿意在饮料中加入一个还是两个鸡蛋呢？"

顾客说："哦，一个就够了。"

这样快餐店就多卖出一个鸡蛋，在麦乳饮料中加一个鸡蛋通常是要额外收钱的。

看完彼得的工作后，经理说道："据我观察，我们大多数服务员是这样提问的：'先生，您愿意在您的饮料中加一个鸡蛋吗？'而这时顾客的回答通常是：'哦，不，谢谢。'对于一个能够在工作中积极主动地发现问题、带着创意工作的员工，我没有理由不给他加薪。"

运用创新思维，可以克服工作中的困难，提升工作效率，为企业实现最大化的经济效益；同时，也为自己提供了更为广阔的发展空间，为实现自己的人生规划扣上了重要的一环。

世界很多知名企业都很尊重与欣赏员工的创意，并且设置了价值丰厚的奖励，3M 公司就是其中一家。3M 公司鼓励每一个员工都要具备这样一些品质：坚持不懈、从失败中学习、好奇心、耐心、个人主观能动性、合作小组、发挥好主意的威力等。

美国著名的企业家哈默说："**天下没有坏买卖，只有蹩脚的买卖人。**"在工作中能够创造多少价值，就看能够融入多少智慧。在工作中加入创新思维，也许可以产生意想不到的价值。

创新思维就是有这样非凡的作用与威力，创新思维的巧妙运用可以产生绝妙的创意。许多企业就是凭一个好的创意发达的，许多人就是靠奇妙的创意致富的。好的创意不仅能创造财富，更是财富的化身。也有人专门靠创意来赚钱，这就是大家耳熟能详的"点子公司"或"咨询公司"。

曾经有一位专家设计过这样一个游戏：

十几个学员平均分为两队，要把放在地上的两串钥匙捡起来，从队首传到队尾。规则是必须按照顺序，并使钥匙接触到每个人的手。

比赛开始并计时。两队的第一反应都是按专家做过的示范：捡起一串，传递完毕，再传另一串，结果都用了 15 秒左右。

专家提示道："再想想，时间还可以再缩短。"

其中一队似乎"悟"到了，把两串钥匙拴在一起同时传，这次只用了5秒。

专家说："时间还可以再减半，你们再好好想想！"

"怎么可能？"学员们面面相觑，左右四顾，不太相信。

这时，场外突然有一个声音提醒道："只是要求按顺序从手上经过，不一定非得传啊！"

另一队恍然大悟，他们完全抛开了传递方式，每个人都伸出一只手扣成圆桶状，摞在一起，形成一个通道，让钥匙像自由落体一样从上落下来，既按照了顺序，同时也接触了每个人的手，所花的时间仅仅是0.5秒！

美国一心理学家通过研究发现，人们的心理活动常常会受到一种所谓"心理固着效果"的束缚，即我们的头脑在筛选信息、分析问题、作出决策的时候，总是自觉或不自觉地沿着以前所熟悉的方向和路径进行思考，而不善于另辟新路。

这种熟悉的方向和路径就是"思维的定式"。人一旦陷入思维的定式，他的潜能便被抹杀了，离创新之路也就越来越远了。下面这个小实验也许可以说明这一点：

有一只长方形的容器，里面装了5千克的水。如何想个最简单的办法，让容器里的水去掉一半，使之剩下2.5千克。

有人说，把水冻成冰，切去一半；还有人说，用另一容器量出一半。但是最简便的方法，是把容器倾斜成一定的角度。相当于将一块长方形木块，从对角线锯成两块。如果是固体，人们很自然会从这方面去想；如果是液体，就要靠思维去分析。

这个例子说明，**看问题既要看到事物的这一面，又要想到事物的另一面**；平面可以看成立体，液体可以想象成固体，反之亦然。它属于平面几何学的范畴。平面几何学成功地把三维中的一些问题抽象成了二维，使许多问题得以简化；而在生活中，应避免将三维简化为二维的思维定式。

在荒无人烟的河边停着一只小船，这只小船只能容纳一个人。有两个人同时来到河边，两个人都乘这只船过了河。请问，他们是怎样过河的？很简单，两人是分别处在河的两岸，先是一个渡过河来，然后另一个渡过去。

对于这道题,有些人大概"绞尽了脑汁"。的确,小船只能坐一人,如果他们是处在同一河岸,对面又没有人,他们无论如何也不能都渡过去。当然,你可能也设想了许多方法,如一个人先过去,然后再用什么方法让小船空着回来等。但你为什么始终要想到这两个人是在同一个岸边呢?题目本身并没有这样的意思呀!看来,你还是从习惯出发,从而形成了"思维栓塞"。

先前形成的经验、习惯、知识等都会使人们形成认知的固定倾向,影响后来的分析、判断,形成"思维栓塞"——即思维总是摆脱不了已有"框框"的束缚,从而表现出消极的思维定式。

对于创新思维的培养来说,思维的定式是比较可怕的,创新思维的缺乏也往往是由于自我设限造成的,随着时间的推移,我们所看到的、听到的、感受到的、亲身经历的各种现象和事件,一个个都进入我们的头脑中而构成了思维模式。这种模式一方面指引我们快速而有效地应对处理日常生活中的各种小问题,然而另一方面,它却无法摆脱时间和空间所造成的局限性,让人难以走出那无形的边框,而始终在这个模式的范围内打转转。

要想培养创新思维,必须打破这种"心理固着效果",勇敢地冲破传统地看事物、想问题的模式,拓宽思路,从全新的思路来考察和分析面对的问题,进而才有可能产生大的突破。

心灵悄悄话

创新思维会陪伴人的一生,随时都会有很多好的创意产生,关键是要认识到它的价值,抓住机会,让创意付诸实践,成为财富增长的源泉。不要放弃任何一个好的创意,好的创意就是取得财富的机会。如果你具有这种能力,就应该把握生活与工作的最佳时机,用创新思维、用创意,为自己开辟一片崭新的天地。

第八篇

责任意味着执行

执行的基本前提在于,你自身的责任感和主动性将驱使你去获得成功。那些把责任挂在嘴边,只说不干的人,他们不是有责任感的人,也不是负责任的人,责任意味着执行。"天下兴亡,匹夫有责"说的是古人心忧天下的责任感。让责任感和执行力成为我们脑海中一种强烈的意识,在日常行为和生活中表现得更加卓越。谁也不能成为自己的镜子,拿别人做自己的镜子,天才也会照成傻瓜。对自己忠诚,对自己负责,这是成功的必要素质。

让你拥有高效执行力

让自己成为执行高手

个人执行力包含了战略分解力、时间规划力、标准设定力、岗位行动力、过程控制力与结果评估力。这六种"力"实际上是六种职业执行技能，个人执行力就是这六种力的合力。

战略分解力，是指管理者将全局性的长远规划分解，制定一套明确的远期、中期、近期目标，根据目标制订相应的长、短期计划，并分解到每个人，以确保战略规划得以更好地落实；时间规划力，是指管理者加强对时间与日程的管理，学会授权与任务管理等；标准设定力，是指管理者必须把任务的完成标准、时间都明确了，同时在下属执行的过程中进行检查和协助等。

企业管理者更应该大力关注这三种执行能力，当然也不能忽视后三种执行能力。

岗位行动力，是指及时完成所在岗位规定完成的工作任务，绝不拖延；过程控制力，是指工作过程中的及时跟进，确保每个人切实完成自己的任务；结果评估力，是指工作告一段落后，判断工作结果是否达到既定目标要求。

普通员工更应该注重后三种执行技能。只要注重这些执行技能的不断提升，相信我们每一个人都会成为执行高手。

要想提高个人执行力还应该注意以下四点。

一、良好的计划能力

良好的计划能力，是提高个人执行力的有效保障。正如一句古话所说

"凡事预则立,不预则废"。因此,是否有一个好的计划是提高个人执行力的关键所在。直接把任务简单地抛给下属,或下属盲目行动,都于有效执行不利。管理者必须明确任务的完成标准、时间,并在下属执行的过程中进行检查和协助。作为员工,应该努力遵循上级的工作分配与要求,制订好相应的工作计划,在全力以赴落实工作的同时,主动汇报工作进度,并配合上级的工作调整,只有这样才能保障计划的有效执行。

二、具备一定的内在素质

提高个人执行力还要求具备一定的内在素质。这种素质包括:对企业忠诚有信、对工作高度热情、坚决服从上级安排、团队合作精神、优质高效地完成任务的能力等。这些素质是提高个人执行力的必要因素,大大影响个人执行力的发挥。

三、掌握一定的科学工作方法和管理工具

提升个人执行力还需要掌握一定的科学工作方法和管理工具。一方面,我们要养成良好的工作方式与习惯,学会科学地授权与任务管理,加强对时间与日程的管理,制定一套明确的远期、中期、近期目标,再根据目标制订相应的长、短期计划,并分解到每个人。另一方面,在下达任务前还需要有清晰的岗位划分和岗位责任、明确的任务说明、具体的工作目标、充分的条件和对任务的责任。这些科学的工作方法和管理工具,都有助于我们更好地完成任务。

四、加强个人在团队中的影响力

提升个人执行力还需要加强个人在团队中的影响力。工作中往往需要人与人之间的相互协作,一个人在团队中的影响力越大,就越能得到他人的支持与配合,这对提高执行力是非常重要的。要想提高自己在团队中的影响力,就必须以良好的人际关系与沟通技巧做基础,在日常工作中大力配合同事的工作,以礼待人,提高自己在同事心目中的地位。具备高度执行力的人,是集高能力与高素质于一身的人,这样的人必将受到企业和老板的高度重视。

自动自发、真正有效的执行力

执行力是决定组织成败的重要因素,也是构成组织核心竞争力的重要环节。没有执行力,再完美的战略与创意也只能是空谈。而具体执行力的强弱,又直接体现在每一个员工的执行效率上。很显然,只有自动自发地执行,才是有效的执行,才是真正的执行。

畅销书《致加西亚的信》一书中这样写道:"**我钦佩的是那些不论老板是否在办公室都会努力工作的人,这种人永远不会被解雇,也永远不会为了加薪而罢工。如果只有老板在身边时或别人注意时才有好的表现、卖力工作,这样的员工永远无法达到成功的顶峰。**"

有些刚刚走上工作岗位的年轻人,面对自己从未接触过的工作,一时有些手足无措,每当领导交代工作任务时,总要问该怎么办。他们总是被动地应付工作,虽然他们遵守纪律、循规蹈矩,但是做事却缺乏热情、创造性和主动性,只是机械地完成任务。这样的工作态度最终会使他们失去对工作有效执行的态度。

一个推崇自动自发企业文化的团队,必定是一个拥有凝聚力、战斗力与竞争力的团队。当一项任务被自动自发地有效执行时,任务就会突然变得简单明了,而执行任务时的心情,也会快乐轻松。很显然,一个单位一旦形成这种自动自发执行的企业文化,就没有什么战略不能被有效执行,就没有什么业绩不能实现!

要提高个人的执行能力,必须解决好"想执行"和"会执行"的问题,把执行变为自动自发的行动。有了自动自发的思想就可以帮助你扫平工作中的一切挫折。在日常工作中,我们在执行某项任务时,总会遇到一些问题。而对待问题有两种选择,一种是要充分发挥主观能动性与责任心,不怕问题,想方设法解决问题,千方百计消灭问题,结果是圆满完成任务;一种是面对问题,一筹莫展,不思进取,结果是问题依然存在,任务也就不可能完成。反思对待问题的两种选择和两个结果,我们会不由自主地问:同是一项工作,为什么有的人能够做得很好,有的人却做不到呢?关键是一个思想观念认识的问题。事实上是,观念决定思路,思路决定出路。观念转、天地宽,观念的力量是无穷的。**所以要提高个人执行力就要加强学习,更新观念,变被动为主动。**

具有自动自发工作思维的员工,有着对任务的一流执行力。他们会自觉加班加点,尽最大努力把工作完成,他们时刻都在考虑怎样尽善尽美地完成工作。他们不仅会圆满地完成任务,还会为老板考虑,自觉提供尽可能多的建议和信息。他们无论在任何岗位,无论做什么工作,都会怀着热情、带着情感去做,真正做到诚信做人,勤奋做事。

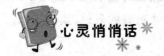
心灵悄悄话

人的命运不会因为"知道"而改变,但会因为"做到"而改变。行动中不断经历,在旅途中全力以赴,坚信行动改变命运。

敢于负责会让你得到更多

翻阅历史,那些事业有成的人士,无不具有勇于负责的品质。阿尔伯特·哈伯德为此曾说:**"所有成功者的标志都是他们对自己所说的和所做的一切负全部责任。"**

你听说过华盛顿和樱桃树的故事吗? 华盛顿小时候,有一天突发奇想把自家院子里的一棵樱桃树砍掉了。这棵樱桃树是他父亲花大价钱从英国买回来的,他父亲得知樱桃树被砍掉之后大发雷霆,声称要严厉查处砍树的人。家里人都噤若寒蝉,这时华盛顿坦然地站出来,承认树是他砍的。家里人都以为华盛顿要不可避免地受到严惩了,谁知老华盛顿见儿子如此负责,不但没有处罚他,反而激动地将他抱起来,由衷地赞扬说:"你的行动远远超过了一千棵樱桃树!"果然,华盛顿长大后,一直以强烈的责任感来约束和激励自己,成为一位道德高尚的人,为美国独立作出了巨大的贡献,并成为美国第一任总统。

要想事业有成,就要像华盛顿那样,树立勇于负责的职业精神。**勇于负责,会让你表现出卓越的执行力,在工作中崭露头角,做出优异的成绩,这样自然比别人更能获得加薪和晋升的机会。**勇于负责,会让你敢于承担更大的责任,积极主动地为公司发展出力流汗、建言献策,这样自然会得到老板的重用,将你培养成公司的顶梁柱。勇于负责,会让你的人格变得高尚,赢得同事的尊敬和老板的赏识。这些都是在向你未来的成功和辉煌积极地迈进。

一位社会学家说:**"放弃了自己对社会的责任,就意味着放弃了自身在这个社会中更好地生存的机会。"**同样,如果你放弃了自己对工作的责任,就意味着放弃了在公司里更好发展的机会。没有责任感的人,任何一个公司都会弃若敝屣，即使侥幸留在公司里，也永远不会获得成功。

任何一个公司里，几乎都有这样的员工，他们对工作负责是分时间和地点的。在上班时间，在公司里，甚至在上司的监控之下，他们表现得很有责任感，能够认真地执行任务。但是当上司不在眼前，他们就藏奸耍滑，甚至偷偷跑出去办私事；一到下班时间，立即忙着收拾东西，就连还有几分钟就能完成的工作也拖到第二天；当离开公司后，什么工作责任感，立即抛到了九霄云外，即使碰到与工作或者与公司有关的事情，也拂袖而去。

你有这样的行为吗？你认为这是负责的表现吗？显然，这种员工身上的责任意识是很淡薄的，他们的行为称不上负责。真正的负责不需要上司的监控，他们是为工作而工作，而不是为上司而工作，无论上司在不在身边，他们都一样埋头认真工作；真正的负责并不只在上班时间和公司里，任何时间、任何地点，只要与工作和与公司有关，就应该主动承担起自己的责任！

有三个人到一家建筑公司应聘，经过一轮又一轮的考试，最后他们从众多的求职者当中脱颖而出。公司的人力资源部经理对他们说了一句"恭喜你们"，然后将他们带到了一处工地。工地上有三堆散落的红砖，乱七八糟地摆放着。人力资源部经理告诉他们，每人负责一堆，将红砖整齐地码成一个方垛，然后他在三个人疑惑的目光中离开了工地。甲对乙说："我们不是已经被录用了吗？为什么将我们带到这里？"乙对丙说："我可不是应聘这样的职位，经理是不是搞错了？"丙说："不要问为什么了，既然让我们做，我们就做吧。"然后带头干起来。甲和乙同时看了看丙，只好跟着干起来。还没完成一半，甲和乙明显放慢了速度，甲说："经理已经离开了，我们歇会儿吧。"乙跟着停下来，丙却一直保持着同样的节奏。

人力资源部经理回来的时候，丙只有十几块砖就全部码齐了，而甲和乙只完成了三分之一的工作量。经理对他们说："下班时间到了，下午接着干。"甲和乙如释重负地扔掉了手中的砖，而丙却坚持将最后的十几块砖码齐。

回到公司，人力资源部经理郑重地对他们说："这次公司只聘任一位设计师，获得这一职位的是丙。甲和乙为什么落聘，你们想想在工地上的表现就知道答案了。作为最后一次考试的监考官，我在远处看得清清楚楚呢。"

甲和乙落聘的原因,自然是他们缺乏对工作的责任感,接到任务后不能立即投入执行,看到经理不在身边就开始藏奸要滑。而丙却表现出了强烈的工作责任感,虽然对经理的安排感到疑惑(一般人都会感到疑惑),但还是马上执行任务,而且在整个过程中,表现始终如一,特别是最后没有因下班时间到了就结束工作,而是坚持将任务完成。丙表现出来的正是一种任何时候都对工作高度负责的精神,这样的员工是每个公司都热切希望得到的。

这个故事还表明:**对工作高度负责,表现出来的就是一流的执行力。**其实,公司对考核的任务是事先计划好的,每堆砖的数量,如果不停地码放,到下班时间恰好剩十几块砖。这时表现出来的正是责任感对执行的影响,具有强烈责任感的人,会加一把劲将任务完成,缺乏责任感的人,会中断执行,将任务拖延下去。

现在市场竞争日趋激烈,一项任务在执行的过程中,可能时间会很紧迫,需要你不能计较时间和地点坚定地执行下去。试想,当一项任务需要加班时,你能对老板说"对不起,我已经下班了"吗?当老板安排你到社会上做一项调查,你就能心安理得地藏奸要滑,甚至假公济私吗?而对工作高度负责的员工,是不需要老板安排或者上司叮嘱的,他们会自觉加班加点,抢在对手前面将计划完成,即使在上下班的路上,在家里休息时,都在考虑怎样尽善尽美地完成工作。

任何时候都对工作负责,那才是真正的负责。一个人具备了这种高度负责的精神,就没有什么任务执行不下去,就没有什么工作不能尽善尽美地完成。一个公司形成了这种高度负责的企业文化,就没有什么战略执行不下去,就不可能实现不了好的绩效。

20 世纪 90 年代,我国一个代表团到韩国洽谈商务。代表团车队的先导车由于开得较快,为了等后边的车辆,暂停在了高速公路的临时停车带。不一会儿,一辆"现代"跑车靠了过来。驾车的是一对年轻的韩国夫妇,他们问代表团的同志车辆出了什么问题,是否需要他们帮忙。原来,这对夫妇是现代汽车集团的职员,而代表团的先导车恰好是现代汽车集团生产的。

读完这个故事,你有什么感想?这对韩国夫妇开着跑车,也许是去度假,也许是去参加朋友的派对,显然是在非工作时间,而且上司并不在现场,

仅仅因为停靠的车辆是他们公司生产的,就对一个与他们的工作职责并没有直接联系的问题给予必要的关注,表现出来的是一种怎样的责任感? 显然,他们已经把与公司有关的任何问题都当成了自己的个人责任!

关注一下自己以及身边的同事,你们是否具有和这对韩国夫妇一样的责任感? 还是存在不小的差距? 这时你可能会发现,很多人存在这样的思想:我那样做,有什么回报吗? 老板不在现场,做了他也看不见,那不是白做吗? 还有,那不是浪费我的时间和精力,甚至耽误自己的事情吗? 如果一个人被这样的思想束缚,他永远不可能像韩国夫妇那样去负责。

真正的负责是不以个人功利为目的的。在执行一项任务之前,如果你首先想到的是自己的个人利益会得到怎样的回报,就很难保证你的执行不会扭曲和变形,就很难保证如期达到目标。因为一个人的私心杂念难免会影响到工作时的心态。**只有摒弃了私心杂念,把整个身心投入到工作中去,才会发挥出全部的能力和智慧,才会尽善尽美地完成任务。**

心灵悄悄话

> 对自己负责才能拥有超强的行动力,如果没有忠诚,就没有了做人的根本,也没有了成功的基础。如果你忠诚于自己,你就会成功。

自己的人生自己负责

漫漫路上探求人生

有位作家因为身体健康问题而引发了精神抑郁,他甚至一个星期不说一句话,后来精神彻底崩溃,在一个寒冷的夜晚他下定了决心:与其这样在这个世界,不如选择一种方式离开。虽然心中还是充满了对这个世界的眷恋,但是他无法面对自己,面对生活的打击。

就在那个寒冷的夜晚,他作为一个毕业于中国最高学府的天之骄子,由充满着希望和理想的金色大道堕入了一个深不见底的黑色深渊。当他再次醒来,睁开眼睛,看见的是自己血淋淋的躯体,气息奄奄,似乎和死神打了个照面,擦身而过。

当作家生命垂危的时候,善良的医生和护士用他们温暖的手把作家拉回了人间。经历了在死亡边缘的挣扎之后,作家忽然明白:人生的路还是得靠自己走下去,既然自己的朋友和亲人那么尽力地挽救了自己,还有什么理由去重蹈覆辙? 今后的路还得走,还得去面对那些不得不面对的残酷现实。

在接下来的 10 年当中,也就是作家 25 岁到 35 岁的这段人生最为宝贵的时间,他面对了原本没有勇气面对的生活:病休 4 年,住院 3 年,其间动了不知道多少次手术,成为医院里有名的重病号。

作家当年的同学几乎都考上了研究生,深造的深造,出国的出国,每一个人都在为着自己的大好前程而努力。他们都走在成功的路上,让人羡慕不已。可是作家还是一个人经常躺在病床上看着窗外,半天不说一句话。他在想自己的春天会在什么时候到来,这漫长而寒冷的冬天或许很快就会

结束了。

在漫长的等待中他观察社会,思考人生,考究成败。当作家多年的思想跃然纸上,读者为之动容。

大家在他的书中看到了一个和命运顽强斗争的灵魂,看到了一个渴望成功的心灵,看到了一位在人生黑暗的隧道中摸索前行的勇者。很多读者来信告诉作家,他们读作家的书时哭了,因为他们感到,原来在人生路上摸索的人不止自己一个。

自己对自己负责

我们可以通过别人来了解自己,也可以让别人帮助我们,可是别人却无法为你负责。谁也不能成为自己的镜子,拿别人做自己的镜子,天才也会照成傻瓜。对自己忠诚,对自己负责,这是成功的必要素质。

IBM 的创始人曾经说过,**忠诚的人没有苦恼,也不会因动摇而困惑。他坚守着航船,如果船要沉没,他会像一个英雄一样,在乐队演奏声中,随着桅杆顶上的旗帜一起沉没。**

任何人都喜欢和忠诚的人相处,忠诚的人能得到更多的信任和机会。就拿日常的工作来说,如果员工不忠诚,老板不会将一些重大的事情交给这样的员工去做。

当前的社会,频繁地跳槽已经不是什么新鲜的事情了,甚至它成了一个人有能力的体现。那些在一个公司安分工作的人成了大家调侃的对象。大家议论最多的是薪水的高低和环境的舒适程度,很少有人去谈论对于工作的忠诚和敬业。

也许张超的例子能让我们明白忠诚的重要性。张超只是一名普通的高中毕业生,没有复杂的社会关系,也没有优越的家庭条件,更没有出众的外表,所有的这一切都让他在刚刚踏入社会谋生的时候,备感艰辛。没有人愿意雇佣他。

张超在找工作的过程中明白了,这个社会不会同情弱者,必须依靠自己的能力和努力去生存。于是他开始学习电脑,经过一段时间的强化学习,他终于利用自己的打字技能找到了一个在出口贸易公司做电脑打字员的工作。

就是这份不起眼的工作，张超一做就是 3 年。期间他看到了公司的人来来去去，换了不知道几拨。这一年公司资金周转出现了困难，员工的工资都成了问题，许多员工纷纷选择了离开，唯独张超继续认真地工作。

当公司周转不灵、人心涣散的时候，张超没有受环境的影响。正是其他员工的离去，给了张超一些新的机会，他可以去做一些本不是自己做的事情，他甚至成了公司的业务员，为了订单而奔走在城市之间。

因为他的努力和毅力，竟然拿到了一笔重要的订单，公司因为这一笔订单而有了很大起色，大家都说是张超挽救了这家公司，而他并没有因为自己的贡献而得意忘形，还是一如既往地勤奋工作，当然这一切老板都看在眼里。公司渡过难关之后，张超成了业务经理，后来又成了公司的副经理，还拥有了公司的股份。

如今新来公司的员工怎么也想不到，就在几年前，他们的副经理还是一个让人呼来唤去、毫不起眼的打字员。张超也从来不掩饰自己当年的窘迫，而是经常拿自己的事例告诫年轻人：要想有所成就，第一要用心。第二要没有私心。

如果说忠诚是一种自我经营的智慧，那么他能指导我们理智的行动。我们要对老板负责，要对自己的亲人负责，要对自己的爱人负责，更要对自己负责，只有这样才能更好地工作和生活。

心灵悄悄话

每个人的生命中都会有一些不愿去面对的现实，这让人备感沮丧。但是不要放弃自己行动的权利，人生的道路漫长而曲折，即使前面似乎看不到一点亮光，我们始终要告诉自己，终点就在前方，而我们大家都在前行的路上，上下求索。

对团队负责就是对自己负责

一项战略计划最终是要靠公司这样一个团队来实现的,而不是仅仅靠一两个人的力量。作为相对具体、更加清晰的运营计划,更是要分解到各个部门,甚至是每一个人来执行完成的。公司的每一位员工,既是一个相对独立的个体,执行计划时必须对自己的工作负责,又是公司团队的一员,至少属于由几个人组成的项目团队,又应该对团队负责。然而,有的员工认为,要照顾团队的利益,自己的工作就要受到影响,也就是说,要对团队负责,就不能对自己负责。在这种思想的支配下,执行任务时各行其是,拒绝协作,眼看着同事需要帮助,却置之不理,当同事求助时,又装出一副爱莫能助的样子。这种思想蔓延到一个部门,就是各自为政,为了部门利益而不惜推诿、扯皮,甚至牵制对方,使得执行本来行驶在一条宽阔的大道上,结果硬是挤到了一条羊肠小道上,甚至逼到了悬崖边上。

你听说过"海归派"职业经理人"水土不服"的故事吗?浙江称得上是我国民营企业最为发达的地方。为了提高组织执行力,这几年许多有一定规模的民营企业开始寻找职业经理人,一些曾在美国通用电气公司工作过的经理人就顺应潮流加入了这些民营企业。结果如何呢?他们中的很多人不到半年就离开了。原因很多,但其中一个普遍达成共识的原因是,企业组织成员的团队精神太差,无法形成有效的组织执行力。

有一个离开的职业经理人事后深有感触地说:"你简直无法想象那里的部门协调性是多么差,每个人都是站在自己的立场去考虑问题,习惯了 GE 的各部门为同一个目标共同努力的环境,我在那里实在是无法忍受。"

由此可见,那些所谓的对自己负责恰恰成为执行的绊脚石,他们认为只要自己把工作做好就行了,甚至把自己当作英雄,仅靠自己的能力就能决定一个项目的命运,所以认识不到自己的工作是团队工作的一部分,我行我素,从不肯对团队负责,主动站在团队的角度想想自己的工作应该怎样做,从而影响了团队的执行力,每个人出力不小,却成效甚微。这正如两个人拉车,都使出了浑身的力气,但是方向恰好相反,车又怎么会前行呢?

　　比尔·盖茨也认为:"**在社会上做事情,如果只是单枪匹马地战斗,不靠集体或团队的力量,是不可能获得真正成功的。这毕竟是一个竞争的时代,如果我们懂得用大家的能力和知识的汇合来面对任何一项工作,我们将无往不胜。**"

　　来自微软的声音道破了团队精神对于执行的重要意义,这是他们的实践总结出的经验,也是公司迅猛发展的保证。它昭示了团队精神的精髓就是组织成员为了一个共同的目标而彼此协作,无私奉献。员工只有具有这种精神才能对团队负责,才会心往一处想,劲往一处使,从而形成强大的执行力,使各项决策得到贯彻落实,实现目标。

　　实际上,对团队负责和对自己负责并不矛盾。一个人只有对团队负责,才能保证自己的工作与团队的工作方向不相违背,才不会为了个人利益而扯团队的后腿,才不会白做无用功,费力不少却对公司没一点用处。如果你完成一项工作后,对于公司整个计划起不到促进作用,甚至因为你而影响到组织执行力的发挥,那你称得上是对自己的工作负责吗? 显然不是,应该是失职,严重了就是渎职。所以,对团队负责就是对自己负责,两者是相辅相成的关系。

心灵悄悄话

> 　　失败绝不会是致命的,除非你认输。失败也并不可怕,可怕的是在失败中垂头丧气。很多有所成就的人,都是经历了一个个的失败而走向成功的。因此,要想成功,就不应该惧怕失败,因为失败是通注成功的铺路石。

负责是一种好习惯

执行力就是认真负责，不找借口，坚守承诺。**认真是执行的灵魂。认真可以创造非凡，执行与认真负责的态度有关，与聪明没太大关系，认真第一，聪明第二。**聪明人一辈子都在想超越别人的方法，认真的人一辈子都在做超越别人的事情。

古人早就有言："天下大事，必作于细。"任何优秀品格都源于良好的习惯，任何人的成长进步，都是从做好身边的细微工作开始。如果说成长是一种历练，那认真无疑是其中最重要的因素。当认真成为一种习惯，生命的质量就在提升。

什么是习惯？习惯就是习以为常的惯性动作。习惯与职业有关，习惯与性格有关；习惯能决定成败，习惯甚至能决定人生；人的习惯事关重大，忽视不得。

"让认真成为一种习惯"并不是简单地体现在口头上的一种"豪言壮语"，而是应该真正贯彻在工作中的每一个层面上、每一个细节中。

首先，用心地对待每一项工作。"用心"是指工作态度层面上的要求。**用心工作是一种工作态度、一种工作作风，也是一种工作境界。**凡事用心就不难，用心做事往往能事半功倍。

人生很多事情都是如此，成功者常常不是最具成功条件的人，而是用了心的人。不用心，就有可能把工作进行 N 次重复，没有一丝的反思、总结、拓展和创新，这样的人是最有可能被淘汰的。

其次，认真地做好每一项工作。"认真"是指工作落实层面上的要求。认真是一种力量，认真是一种习惯，它能深入到一个人的骨髓中，融化到一个人的血液里。认真就能很好地贯彻工作要求，认真就能做好工作中的每一个细节，就能尽可能少地减少工作中不必要的失误，提高工作的成功率。

如何认真做好每一项工作呢？一是通盘考虑，为每一项工作做好计划。

要把工作做好，最基本的条件之一就是要对此项工作有一个整体的计划，在工作中按照计划去执行，那样工作才能做得到位，少出偏差。我们常常听到"思想决定行动"这个说法，其实计划的过程就是对工作很好的一次思考，这个思考过程往往是很周到、很细致的，会涉及工作中的方方面面。"磨刀不误砍柴工"，工作并不会因为做计划而被耽误。

二是全身心投入，尽己所能做得出色。认真工作的另一个层面是工作时的投入程度，在工作时，我们应该全身心投入，绝不能在做事时表现出三心二意、缺乏韧性和毅力的糟糕状态，应该始终全力以赴，尽自己所能把每一项工作都做得出色。

在工作中，许多人没有能把工作做好，做成功，往往不是因为他们能力不够，而是重视的程度不够，付出不够，投入不够。

三是关注工作中的每一个细节。"细节决定成败"这句话所体现的是对工作的一种专注、一种认真的劲儿。只有关注到了工作中的每一个内容、每一个步骤、每一个细节，我们的工作才有可能做得像我们在计划书中所预设的一样成功和完美。

认真很重要。不论大事还是小事，都要讲认真。把每件"小事"演绎得精彩就是做得精致，把简单的事做好就是不简单，把平凡的事做好就是不平凡。认真实际上是一种积累，也是一种收获。从认真做的每一件小事中，会积累到你所追求的大事的思维火花，因而也是十分宝贵的收获。

与养成认真负责的良好习惯相应的，是克服不良习惯。不破不立，不改掉不良习惯，追求卓越的好习惯是难以建立起来的。以下这几大恶习是你必须戒除的：

一是经常性迟到。 你上班或开会经常迟到吗？迟到是使老板和同事反感的种子，它传达出的信息：你是一个只考虑自己、缺乏合作精神的人。

二是拖延。 虽然你最终完成了工作，但拖后腿使你显得不胜任。为什么会产生延误呢？如果是因为缺少兴趣，你就应该考虑一下你的择业；如果是因为过度追求尽善尽美，这毫无疑问会增多你在工作中的延误。社会心理学专家说：很多爱拖延的人都很害怕冒险和出错，对失败的恐惧使他们无从下手。

三是对他人求全责备、尖酸刻薄。 每个人在工作中都可能有失误。当别人工作中出现问题时，应该协助去解决，而不应该一味求全责备。特别是

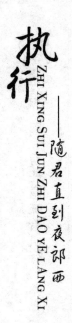
在自己无法做到的情况下,让自己的下属或别人去达到这些要求,很容易使人产生反感。长此以往,这种人在公司没有任何威信而言。

四是随大流。人们可以随大流,但不可以无主见。如果你习惯性地随大流,那你就有可能形成思维定式,没有自己的主见,或者即便有,也不敢表达自己的主见,而没有主见的人是不会成功的。

心灵悄悄话

自信人生二百年,会当击水三千里。给自己科学合理地定位,方能在人生道路上乘风破浪,直挂云帆。没有自知之明的人,不可能了解自己,更谈不上了解别人。正确认识自己是了解别人的前提。